少儿环保科普小丛书

亲近大自然

本书编写组◎编

中国出版集团公司

世界图书出版公司

广州·上海·西安·北京

图书在版编目（CIP）数据

亲近大自然／《亲近大自然》编写组编. ——广州：世界图书出版广东有限公司，2017.3
ISBN 978－7－5192－2505－6

Ⅰ. ①亲… Ⅱ. ①亲… Ⅲ. ①自然科学－青少年读物
Ⅳ. ①N49

中国版本图书馆 CIP 数据核字（2017）第 049883 号

书　　名：亲近大自然
　　　　　Qinjin Daziran

编　　者：本书编写组
责任编辑：冯彦庄
装帧设计：觉　晓
责任技编：刘上锦
出版发行：世界图书出版广东有限公司
地　　址：广州市海珠区新港西路大江冲 25 号
邮　　编：510300
电　　话：（020）84460408
网　　址：http://www.gdst.com.cn/
邮　　箱：wpc_gdst@163.com
经　　销：新华书店
印　　刷：虎彩印艺股份有限公司
开　　本：787mm×1092mm　1/16
印　　张：10.25
字　　数：157 千
版　　次：2017 年 3 月第 1 版　2019 年 2 月第 2 次印刷
国际书号：ISBN 978－7－5192－2505－6
定　　价：29.80 元

本书编写组

主　编：

　　梁晓声　　著名作家，北京语言大学教授

　　王利群　　解放军装甲兵工程学院心理学教授

编　委：

　　康海龙　　解放军总政部队教育局干部

　　李德周　　解放军西安政治学院哲学教授

　　张　明　　公安部全国公安文联会刊主编

　　过剑寿　　北京市教育考试院

　　张彦杰　　北京市教育考试院

　　张　娜　　北京大学医学博士　　北京同仁医院主任医师

　　付　平　　四川大学华西医院肾脏内科主任、教授

　　龚玉萍　　四川大学华西医学院教授

　　刘　钢　　四川大学华西医学院教授

　　张未平　　国防大学副教授

　　杨树山　　中国教师研修网执行总编

　　张理义　　解放军 102 医院副院长

　　王普杰　　解放军 520 医院院长　　主任医师

　　卢旨明　　心理学教授、中国性学会性教育与性社会学专业委员

执行编委：

　　孟微微　于　始

本书作者：

　　董　方

本书总策划/总主编：

　　石　恢

本书副总主编：

　　王利群　方　圆

目　录
Contents

引　言

　　很多朋友对自然都是既熟悉又陌生。自然像袅袅青烟一样无法琢磨，难以把握。当你琢磨起来，自然也许就是迎面而来的细雨轻风和傍晚散步时的晚霞云朵，也许就是生活小区中的小块绿地和身边温顺不已的可爱宠物，也许就是电视书籍上的奇石美树和旅行目的地的名山大川……然而当你真正思考起自然的时候，它便又从你的脑际中消失得干干净净了。

　　自然，和朋友一样，当你亲近它，热爱它，以十足的赤诚去与它相处，以万般的细致去关爱它，它便跟你熟稔，便在你的生活中无处不在，便在你需要的时候及时出现；当你疏远它，排斥它，无谓地忽视它，不断地伤害它，它便离你远去，让你遍寻不到它的踪迹，甚至在你受到恶劣的伤害后，狠狠地给你一个教训。

　　其实，当你用心地关切自然，你会发现自然早已生机盎然地存在于地球的每一个角落。宇航员们在远离地球的外太空审视我们的这个星球时，发现它在蔚蓝海洋的底色上，着满了五彩斑斓，有高山、大河、峡谷、小溪的颜色；草原猎豹、竹林熊猫、鹰击长空、鱼翔浅底的颜色；巍巍原始森林、茫茫戈壁草原的颜色；飘逸云层上的团团云朵的颜色等等。正是自然的这些曼妙色彩，将人类的画幅书写得绚烂而厚重。所以，生活在城市的水泥森林里的人们不会明白，徜徉在现代文明中的后辈们更难以体会，自然之于人类的重要。

　　长久以来，我们以生存和发展为借口，肆意地向自然索要：消耗了亿万年生长的森林；吸光了地壳下层层的地下水；侵犯了动植物的家园，让它们一一淡出视野；不断地以各种手段将天空涂抹得不堪入目。我们就是这样对待自然，就是这样离它愈发地远。

如果人类在歌声中可以表现"结识新朋友，不忘老朋友"的慷慨，那么对不起，在我们唯一可以生存的地球上，我们没有选择权。人类的未来不仅仅掌握在自己的手中，更只能看自然这位朋友的眼色。人类的明天只能在大自然的怀抱中展现。认识自然、观察自然、理解自然、研究自然、关爱自然、保护自然在今天看来，无比地重要起来。当你真正走上认知、观察、理解、研究、关爱、保护的和谐之道时，你会发现，亲近自然其实并不难。热爱生命，亲近自然，并不一定要驾驶小艇在北极附近的风高浪急中与捕鲸船搏斗，并不一定要穿上宇航服在距离地球几万千米的地方对着臭氧空洞嗟叹不已；并不一定要赤身裸体地站在城市的中心高喊动物保护口号；并不一定要追随驼队上的地质探险家们去沙漠险地中挖掘人类的悔恨……生命的热爱，自然的亲近，就在于你的脑海中为它们留下了小小的保留地，就在你朝九晚五的生活作为中为它们做些微不足道的事情。就在明天，你早起 15 分钟，呼吸着空气中的泥土芬芳，热爱生命，亲近自然，就这么随意简单。

大美不言——自然

　　对于我们每个人，自然像袅袅青烟一样无法琢磨，难以把握；然而，当你细心地关爱起它们来，自然又是那么生机盎然地存在于地球的每一个角落。正是自然的各种旋律和色彩，将人类的画幅书写得绚烂而厚重。人类的明天只能在大自然的怀抱中展现，故而亲近自然、热爱生命，是我们唯一的选择。

妙手天成：自然的认知

"什么是自然？"当这个问题摆在人们面前的时候，除了那些以自然研究为事业的学者们，几乎所有人都支支吾吾地给不出确切的答案。但是，所有人的脑海里会立即产生这样一幅幅美丽的景象：

高山流水

宝石般湛蓝的天空中时而飘过棉花糖样的朵朵云彩，炽热阳光被大气层过滤成淡金色的外衣披向大地，雄鹰逆着北来的气流上下翻飞，南去的雁群欢快地歌唱，懒惰的寒号鸟叫嚷着"明天就筑巢"；微风夹着花草和泥土的芳香拂过，晶莹剔透的湖水被撩起阵阵涟漪，鱼儿成群结队地在水中划出道道优美的痕迹，小蝌蚪在岸边找寻"妈妈"；金黄色的广袤草原上，孤独的热带植物矗立在雨前火烧云的背景前，猎豹以健美的身姿飞速奔跑，追逐逃命的羚羊，大象在水边用鼻子喷出道道水柱驱散炎热，犀牛的尾巴正赶走骚扰的蚊蝇……

当这些片段如电影般在你的脑海中款款而过，你面对"自然是什么"

的问题时，心中便有了自己的答案：那景象中的太阳、天空、云朵、微风、气流、炎热，那鸟群、鱼群、雄鹰和猎豹，那水边的大象、犀牛、羚羊，那飘散在空气中的花香、草香、泥土香，没有一样不是大自然精雕细琢的作品，没有一样不是大自然对于人类的精美馈赠，没有一样不是我们赖以生存的精神和物质食粮。

花丛中的小路

若提耳聆听，自然便是王籍《入若耶溪》中的"蝉噪林愈静，鸟鸣山更幽"，或是陆游《临安春雨初霁》中的"小楼一夜听春雨，深巷明朝卖杏花"。若你凝神遐想，自然便是李冬阳《南囿秋风》中的"坛边僧在鹤巢空，白鹿闲行旧径中。手植红桃千树发，满山无主任春风"。当你贪婪地呼吸，自然便是随风而来的牵牛花香和芨芨草味，夹杂着地中海的温润泥土味道，沁人心田。当你深情地远眺，自然便是"自古逢秋悲寂寥，我言秋日胜春朝。晴空一鹤排云上，便引诗情到碧霄。山明水净夜来霜，数树深红出浅黄。试上高楼清入骨，岂知春色嗾人狂"。当你轻舒双臂，试图忘情地拥抱自然，却发现"自然是什么"的问题，又开始萦绕在你的脑际了。

自然的英文 Nature 来自拉丁文 Natura，意即天地万物之道。以人类对于自然的定义来看，最典型的莫过于："自然是自然界的现象，以及普遍意义上的生命。人工物体及人类间的相互作用在常见使用中并不视为自然的一部分。自然的规模小至次原子粒子，大至星系。在现今不同的用法中，自然可以是众多有生命的动植物种类的普遍领域，部分则指无生命物体的相关过程——特定对象种类自己本身的存在和改变的方式，例如地球的天气及地质，以及形成那些对象种类的物质和能量"。简单的理解：在我们生存的宇宙中，所有的自然现象，小到原子运动，大到行星运行，平常如风、雨、雷、电，全是自然的一分子；所有的自然物质，小到显微镜下的细菌，大到地球历史上最大的动物猛犸象和恐龙，平常如身边的狗、猫、鸟、鱼，莫不是自然的一员；所有自然环境中的一切，山峰、湖泊、海洋、岛屿、草原、湿地等，平常如家中小院里的土壤、花草、蚂蚁，皆是自然的题中之义。庄子曾经这样形容自然："天地有大美而不言，四时有明法而不议，万物有成理而不说。圣人者，原天地之美而达万物之理……"自然就是这样离我们很远，静静地存在着，自然又离我们那么近，渗透在人类所拥有的一切中。

我们知道了自然是什么，自然就存在于我们睁眼闭眼的那个世界里，包括我们自己，都是这大自然的一员。那么，除却人类，这个大自然中最不安分的一个成员外，我们还有多少伙伴呢？当我们走进各个自然保护区的时候，首先映入我们眼帘的是各种奇妙不已的动物，它们或鱼翔浅底，或鹰击长空，或猎豹疾奔，或攀爬树上，或潜入地下，总之是万类霜天竞自由。当我们回到自己熟悉的生活环境，这些动物们抑或作为宠物生活在我们身边，又或者作为家畜为我们付出一生的劳力和血肉；当我们无聊的时候，打开电视，它们为我们展现一幅幅最活跃最生动的自然画面：患有近视的犀牛，与一种专吃寄生虫的牛鹭结伴，最终牛周身清爽，鸟饱食无忧；隐鱼附在海参身上排便，使得隐鱼躲过追杀，海参得到营养；俪虾终生生活在矽质海绵的腔里；白蚁和披发虫结伴；还有海葵和寄居蟹、蚂蚁和蚜虫，都彼此和睦友好，共筑家园。没错，这就是人类最好的朋友——

动物。动物界的存在，使得人类不再那么孤独，不再那么无助。其实我们人类也是动物界的一分子，但是多数时候我们所指的动物，是人类之外的那些生命华彩。

很多时候，我们倾心于身边的那一分绿色，它们高贵地伫立在人类的世界里，净化我们的空气，美化我们的环境，有时温顺地俯卧在我们的住所中，默默地散发自己的芳香；有时顽强地驻守在蛮荒之地，死死地抵挡洒向人类的自然灾害。是的，美好、热情、无私、坚韧，把人类世界中所有最好的形容词给予它们都不为过。那么，这些伙伴在哪里，它们又是谁呢？它们就是"墙角数枝梅，凌寒独自开"，它们是"幽兰生前庭，含薰待清风"，它们是"醉抹醒涂总是春"，它们是"泽国多芳草，年年长自春"，它们是"绿叶与紫茎，猗猗山之阳"……它们是人类的另一个朋友，为人类演奏出一曲曲优美的绿色旋律——植物。

动物、植物、人类，一群在地球上粉墨登场的演员们，它们轻歌曼舞，它们引吭高歌，引得地球无数声喝彩。然而，它们的舞台呢，是谁为它们的生存擎起了天空，支撑了大地，是谁为它们的五彩斑斓和千姿百态描上了颜色？当然是我们脚下踩着的踏实无比的大地，这里是我们的家园，是我们住所的地基，是所有故事上演的舞台。人类的世界里，我们把大山的

地位给予了父亲，我们把大河的尊容给予了母亲，我们用深邃的大海形容人的心灵，我们用炙热的岩浆描绘人的热情，我们何时将我们最崇高的荣誉献给它们？高山、河流、峡谷、飞瀑、草原、极地……大地的每一个元素，都在为人类的生与死而存在，当人类信守地球规则，幸福地生活时，它们巍峨，它们广袤，它们踏实，它们默然；而到人类肆意地破坏着大自然时候，它们变身为地震、火山、坍塌、泥石，以自己的方式劝阻人类回归自然。于是，我们抚慰苍茫，敬畏着浩浩大地。

　　静卧草坪，仰望天空。我们突然发觉冷落了我们的这些同伴——大气层和它的子民们。"你是风儿你是沙"，"像雾像雨又像风"，"雪，一片一片一片一片"……人类总是将最美妙的旋律送给风花雪月。我们感慨风的来去潇洒，我们嗟叹云的独自忧伤，我们钦佩雨的收放自如，我们敬畏雷的轰轰烈烈。春的盎然，夏的激烈，秋的凉爽，冬的清冽，四时节气如同人类的五官、四肢，与我们的世界不可分割。然而，我们却最容易忽视这些生命中最重要的东西。于是，我们荒唐地在大气层中制造空洞，我们肆无忌惮地将废气排向抚育我们的天空。当这一切足以引起它们的愤怒时，我们得到了温室效应，我们得到了海水漫涨。于是，空气中的浮尘、伺机而

来的龙卷风，无一不在警示我们，头顶的天空需要我们的关爱。

　　动物们为我们挥洒生命华彩，植物们演奏绿色旋律，仰望天空那里有我们的挚友，抚慰苍茫，大地是我们的至亲。让我们在心中默念，浩浩自然，我们并不孤独。

一衣带水：人与自然

芬兰美学家约·瑟帕玛在《环境之美》中娓娓说道："只有两种类型的风景是可以接受的：一种是人类尚未触及的；另一种是已经达到了和谐的。"可以说，这对人类与自然关系的诉求，作出了简单的阐释。人类对于自然界的探索和开发，还有很大的空间，例如占据地球大部分的海洋，我们对海洋深处多大、对90%的生物及其自然生态环境都还不了解，于是，这一部分自然对于我们来说，还是浩瀚的未知。但是，对于我们已经了解的，对于我们已经身处其中的大自然来说，人类与自然最好的关系莫过于和谐共生。的确，人类是大自然的产物，是地球进化史上的一个小小物种，虽然我们拥有了智商和劳动能力，可以用来改变生存状态，征服少量的恶劣环境，有效地利用大自然的一切来为人类服务。但是，归根结底，大自然是人类的母亲，孕育着人类所依存的一切。孔子曰："予欲无言，天何言哉，四时行焉，万物生焉！"这是孔圣赞叹大自然无言无语、无私奉献，描述得最为淋漓尽致。

大自然为人类提供了生存和发展的空间，高山、平原、湖泊、高原、小溪、河流，没有这些存在，人类在地球上连落脚的地方都没有，更谈不上生存，也许就如好莱坞电影《未来水世界》里所描述的那样，如果没有了大地、山川、河流，人类只能进化成为鱼的一种了。大自然为人类的牺牲又何止于此，动物、植物从生存的那一刻起，就要担负为人类提供生存能量和质量的任务，没有这些人类基本需要的供应者的存在，那种痛苦的滋味，恐怕我们只能去问那些飞向月球的宇航员了。我曾经无数次问自己一个问题，若是没有了自然为我们提供的春雨秋风夏炎冬雪，若是没有了山涧溪流和巍峨峻岭，若是没有了苍茫草原和浩瀚大海，我们生活中的美从何而来，我们的诗人们难道可以面对着陨石坑吟诵出一首首传世佳作吗？其实，我们找寻了许久大自然对于我们的重要，却不知道那些都是身外之物。

《未来水世界》剧照

　　人类本是自然的一员，自然是人类最好的归宿，如同拼图中的一块，人类只有深入自然的幻境中，才能真正找到自我，才能找到心灵中最终极的家园。"素月分辉，明月共影，表里俱澄澈，悠然心会，妙处难与君说"，宋人张孝祥的这段词，深层次地说明了人类精神与自然生态相通相融所达到的最高境界，所给予人的审美感受。人类只有与大自然脉动相连、浩然同流、和谐相处，才能永远生生不息。人类只有经常和大自然交流对语，才能体悟到人类与天籁共鸣，人与自然原本就是"人天合一"。

　　当然，人类与自然的关系并不是单向的。人类和所有自然界中的成员一样，既是索取者，也是贡献者。马克思认为，在人与自然的关系上，积极的、占主导方面的是人。道德活动的主体是人。在人与自然的关系中，人具有合理调节相互关系的全部责任和义务。在人与自然发生冲突时，人类不能把责任推给没有知觉、没有灵性的自然界，只能发挥人特有的主观能动性，用积极的方法去认识和把握自然规律，寻找协调人与自然和谐相处的方法和途径。当然，我们不能否定人类为了生存所进行的资源及能源的开发和利用，那毕竟是人类生存

和发展过程中所要经历的阶段。这对某些人来说，好像人类对于自然的索取是理所当然的，有人说："有些时候我们需要'破坏'一下环境、生态，但也是为了人。"由此看来，在他眼里，科学就是要用来改造自然，征服自然，让自然"为我所用"。这种理论似乎成为我们人类最后的遮羞布，但这种噱头完全抵挡不了人类由于过度利用自然而招致的惩罚，更将被淹没在人类与自然和谐共处的呼声中，成为一种笑谈。人类似乎更应该站在自然的立场上来考虑和实行自己的未来，尤其是地球环境的生态系统，即所谓生物圈的平衡状况加以全面地和科学地考虑，然后再在保护自然环境、维持生态多样性的基础上，达到人和自然之间的协调。

其实，人类很早就开始了对自然的保护，中国古代就有朴素的自然保护思想，例如《逸周书·大聚篇》就有"春三月，山林不登斧，以成草木之长。夏三月，川泽不入网罟，以成鱼鳖之长"的记载。官方有过封禁山林的措施，民间也经常自发地划定一些不准樵采的地域，并制定出若干乡规民约加以管理。此外，所谓"神木"、"风水林"、"神山"、"龙山"等，虽带有封建迷信色彩，但客观上却起到了保护自然的作用，有些已具有自然保护区的雏形。进入近现代以后，对于自然的崇尚和敬畏，更多地演变成为人类的担忧和关爱。于是，更多的国家、民族加入了对自然的热爱和保护活动中去，我们可以看到诸如《京都议定书》之类的全球共同守则不断涌现；诸如美国黄石国家公园之类的大型自然保护区从19世纪开始就在

地球各处熙熙攘攘；诸如"绿色和平"组织之类的人类自发组成的团体；诸如我们身边的一个个自觉保护动物的素食主义者的出现，还有很多诸如此类的现象，彰显着人类真正的觉醒。"天苍苍，野茫茫，风吹草低见牛羊"的景象也许难以在每一寸草原上上演，但是当人类找到了真正与自然相处之道，和谐看起来就不那么遥远了。

索取与贡献，这看起来像是商人的买卖。人类与自然的关系止步于此了么？当然不会。热爱生命，亲近自然，感触自然，回归自然，天人合一，才是人类与自然终极的关系定位。如果语言尚不足以表达人类与自然的同生共存和唇齿相依，那么一首《大自然之诵》更加清晰地告诉我们："大地如父母，天上飞的鸟类、地上的动物、水中的鱼类都是我们的兄弟姐妹，一花一草都是我们的大自然的家人，尊重我们的生命，也热爱他人的生命，光辉自己的生命，也光辉他人的生命。"既然我们需要热爱它，那就让我们去认识它，阅读它，倾听它，默念它，用心灵去感受它，用双手去呵护它。康拉德·劳伦茨说："今天，大自然对文明的人类中太大一部分人来说是完全陌生的。"对于我们之中的大多数人来说，对于自然的认识止步于课本、电视或者网络，而当我们端坐在水泥房子之中，用双手机械地敲打键盘之时，窗外正是山花烂漫之时。大多数人在自己的日常生活中只和没有生命的东西打交道，他们已经忘记该如何理解有生命的生物，如何和它们打交道，从而导致人类作为整体如此无情地摧残生机勃勃的大自然。当然，亲近自然并不是点击关于自然的网页，用遥控器选择 BBC（英国广播公司）的纪录片那么简单。

　　对于自然的认知和热爱，是一个让人倍感愉悦的感染美好情感的过程。亲近自然、观察自然、阅读自然、与自然交朋友，是人类的一种生活方式。人类在这个过程中，享受自然带来的身心愉悦，沐浴自然带来的心灵激荡。我们很惊异于 BBC 为什么会拍出那么令人惊异的自然纪录片来，却不知道记者和摄像师们在大草原上和狮子睡在一起，以草原为床，以蓝天为被。热爱与亲近是要付出代价的，与自然浸泡在一起，是写出《生而自由》这种伟大篇章的唯一途径。著名学者汪慈光说："因为人是大自然的一分子。我们今天讲大自然。大自然中有天、地、人、万物。人是大自然的最重要的成员。人是不能离开大自然的。"

　　我们今天讲的大自然不仅仅是热爱花花草草，也要热爱人，热爱人就是要热爱大自然，热爱天地，热爱一切万物。把对待大自然的爱心发挥出来，让年轻人一边唱、一边跳，结果真的改变了他们的气质，年轻人应该有的积极向上、阳光健康的朝气统统展现出来了。于是，我们逐渐领悟到，真正的爱自然是亲近自然，真正的亲近自然是走进自然，走进自然就要求我们放弃生活中那些看起来顺理成章的东西，比如在周末我们不再坐在十几平方米乌烟瘴气的小隔间里上网，比如在上班、上学的时候我们用散步和自行车代替那些丑恶的喷着尾气的钢铁怪物，比如我们可以每天抽出一点时间在布满芳香和泥土的中央公园吸收大地精气，比如我们定期去那些高山流水之地感受自然。

请相信，自然不仅仅是我们生存的那一小片钢铁森林，动物并不仅仅是我们身边俯卧的金毛猎犬，植物也不是楼宇之间可怜的星星点点。如果你热爱自然，如果你热爱生命，就不要再羡慕电视里那些探险者们，放下手中的事情走出来，那里才是自然。这就是人类与自然相处之道，这就是属于未来的人与自然。

美不胜收：自然保护区

　　人类在处理与自然的关系中，多数时候都是扮演了破坏者和盗取者的反面角色，令我们时常感到羞愧和反思。当然我们也不必总是生活在妄自菲薄和无尽自责中，这些都对人类与自然的未来没有多少实质性的作用。人类真正可以做的，是热爱生命，亲近自然，为自然和人类的共同和谐生存做出力所能及的事情。如果说对于历史上我们曾经做出的很多事情都是

不可逆的，那么就请把眼光放在未来，从现在做起。现在，人类使用了相当多的方式和途径来保护自然，亲近自然，力图让人类世界和自然的世界完美地融合在一起，这其中最闪亮的一种，就是我们在全球建立了数量众多的自然保护区。

　　自然保护区，又被称为"自然保护地"或者"自然禁伐禁猎区"。这种区域，是世界各国为了保护珍贵和濒危动、植物以及各种典型的生态系统，

保护珍贵的地质剖面，为进行自然保护教育、科研和宣传活动提供场所，并在指定的区域内开展旅游和生产活动而划定的特殊区域的总称。当然，有时保护对象还包括有特殊意义的文化遗迹。简而言之，人类对于自然的掠夺式开发已经伤及了地球多数地域，但是还存在这样一些地区，那里仍然保留着自然中最原始的状态和最和谐的生态循环，于是人类就将这些地域保护起来，以求在这样的基础上，慢慢恢复自然界最美好的一面。自然保护区通常有很多珍贵、稀有的动、植物种类，并且很可能是候鸟繁殖、越冬或迁徙的停歇地，又或者是某些饲养动物和栽培植物野生近缘种的集中产地，具有典型性或特殊性的生态系统。比如我国的广西壮族自治区上岳自然保护区，那里是金茶花的集中产地，而我国的黑龙江扎龙自然保护区，主要是保护动物丹顶鹤的生存区域。有的自然保护区则是风光绮丽的天然风景区，具有特殊保护价值的地质剖面、化石产地或冰川遗迹、岩溶、瀑布、温泉、火山口以及陨石的所在地等，这样的自然保护区也存在不少，比如湖南张家界森林公园，保护对象是砂岩峰林风景区；黑龙江五大连池自然保护区，保护对象是火山地质地貌。

自然保护区，是大自然的最后保留地，是人类对于自己行为反思和自责后的产物，那里保留了一定面积的各种类型的生态系统，可以为我们的子孙后代留下天然的"范本"，这些范本是后人在利用、改造自然时应遵循的途径，提供评价标准以及预计人类活动将会引起的后果。那么，这些保护区如何发挥到这样重要的作用呢？这要从自然保护区的功能说起。我们已经了解到自然保护区最基本的内涵就是保护自然的生态系统，这些自然保护区主要存在以下几个具体功能：

（1）储备物种，所以自然保护区又被叫做物种仓库。在这里，很多濒危动物，或者珍贵的植物等物种都受到了极好的保护，以求在一定的时期和条件下，促使这些物种保存甚至繁衍下去，为我们的子孙后代提供一个可以爱护自然、亲近自然的基本要素。可以想想，如果人类早早觉悟，在几个世纪前就着手建立自然保护区，那么我们书本上的那些已经灭绝的动物就会少了很多，那些濒危动物也不会像现在这么稀少了。

（2）科学研究。在这些最原始的自然保护区中，大多保留有基本的生态系统，自然过程的基本规律、物种的生态特性等，为自然科学家们提供了可供研究的最原始、最稳定的蓝本。

（3）自然保护区除了以上的严肃功能之外，也为我们提供了一场场自然美景的饕餮盛宴①。在那里，有最原始自然的山川湖泊和飞禽走兽，是我们远离城市喧嚣，远离水泥森林，亲近自然和涤荡心灵的最好去处。

当然，自然保护区的作用和功能远不止于此，还有宣传教育、涵养水源、驯养动物等很多功能。可以说，自然保护区，是人类一本万利的工程。世界范围内，各国都对自然保护区的设立相当重视，而且有多年的历史。20世纪以来，尤其是人类经历了第二次世界大战的荼毒之后，对生命的热爱又增加了一分，因此关于自然保护区的事业发展蒸蒸日上。目前全世界自然保护区的数量和面积不断增加，并成为一个国家文明与进步的象征之一。

目前，全世界已有200多个国家和地区建立起各类自然保护区3万多处，总面积达13亿多公顷，占地球陆地表面的8.84%。在这些自然保护区中，发达国家自然保护区面积一般占本国国土面积的5%~10%，日本为10.5%。美国从1872年建立世界上第一个国家公园——黄石公园，到现在已经建立1000多个自然保护区和国家公园，面积达到984.6万公顷，占国土面积的10.5%；德国自然保护区面积占国土面积的24.6%。东亚国家和地区自然保护区面积平均占本国国土面积的3.4%。20世纪50年代以后，发展中国家开始积极发展自然保护区，非洲国家的自然保护区以保护种类繁多的野生植物为主。北美洲则以保护动物、植物为主，并有一些天然景观保护区，如山区、沙漠、草原、湿地、峡谷等。亚洲的自然保护区绝大多数是在20世纪80年代以后建立的，面积都不大，最大的只有几十万公顷。在亚洲，自然保护区发展最快的是中国，到2000年底，全国已建立各类自然保护区1118个，总面积8641万公顷，计划到2010年，全国自然保护区总数将达到1800个，面积1.55亿公顷。欧洲的自然保护区建立得较早，数量较多，特点是严格与松散结合，重点与一般结合，形成了独特的自然保护体系。

---

① 饕餮（tāo tiè）盛宴：指有很多吃的东西的宴席，即丰盛的宴席。

美国黄石国家公园

美国黄石国家公园

　　美国黄石国家公园，是人类历史上公认的第一个自然保护区，既是大自然的杰作，更是人类热爱大自然的最好印证。它位于美国中西部怀俄明州的西北角，并向西北方向延伸到爱达荷州和蒙大拿州，面积达 7988 平方千米。这片地区原本是印第安人的圣地，但因美国探险家路易斯与克拉克的发掘，而成为世界上最早的国家公园。它在 1978 年被列为世界自然遗产。在黄石公园广博的天然森林中有世界上最大的间歇泉集中地带，全球一半以上的间歇泉都在这里。这些地热奇观是世界上最大的活火山存在的证据。根据这里的文化遗迹可以判断黄石公园的文明史可以追溯到 12000 年前。更近的历史可以从这里的历史建筑，以及各个时期保存下来的公园管理人员和游人的公用设施看出来。公园 99% 的面积都尚未开发，从而使大量的生物种类得以繁衍，这里拥有陆地上数量最大的，种类也最多的哺乳动物。

　　对于一个自然保护区来说，第一重要的事情，当然是贮存物种，为未来提供尽可能多的生态蓝本。黄石公园从它建立的那天起，就义不容辞地负起了这个责任，在黄石公园8956平方千米的园区内，共有200多只黑熊，100多只灰熊，还有大量的野牛、野鹿、麋、白鹭、天鹅、鸽子、大雁、鹈鹕跃然其间。此外，黄石公园的自然美景可谓天工天成，黄石河纵贯其中，它由黄石峡谷汹涌而出，贯穿整个黄石公园到达蒙大拿州境内。黄石河将山脉切穿而创造了神奇的黄石大峡谷。在阳光下，两峡壁的颜色从橙黄过渡到橘红，仿佛是两条曲折的彩带。由于公园地势高，黄石河及其支流深深地切入峡谷，形成许多激流瀑布，蔚为壮观。有峡谷、瀑布、温泉以及间歇喷泉等，景色秀丽，引人入胜。黄石公园的大名和它的美景，吸引了全球近7000万人来此旅游和观光。黄石公园为人类的救赎行为开了个好头，为子孙后代们提供了一个感叹生命奇迹的美妙去处。

恩戈罗恩戈罗自然保护区

恩戈罗恩戈罗自然保护区的斑马群

对于中国读者来说，这个位于坦桑尼亚共和国北部的自然保护区的名字——恩戈罗恩戈罗，实在太拗口。这个位于非洲大地的保护区，是一片辽阔的高原火山区，地处著名的东非裂谷带的北部，区内有闻名遐迩的恩戈罗恩戈罗火山口、奥杜瓦伊峡谷和已成深湖的恩帕卡艾火山口。它的西面是塞伦盖蒂国家公园，而东边则是连马尼亚腊湖国家公园，连成了一个巨大的自然保护区网。

　　保护区以恩戈罗恩戈罗火山口为中心，面积约8.1万平方千米。恩戈罗恩戈罗火山口最高点海拔2135米，直径约18千米，深610米，形状像一个大盆，"盆底"直径约16千米，"盆壁"陡峭，面积达315平方千米，是世界第二大火山口，素有非洲伊甸园之称。在恩戈罗恩戈罗火山口内是野生动物的聚集地，有大量的大型哺乳动物。而距此不远的大峡谷——奥杜瓦伊峡谷，曾经出土早期人类的化石，以及人类生活的足迹。

火烈鸟

　　恩戈罗恩戈罗自然保护区的成名，首先是由于大量的野生动物。让我们来看看自然保护区内的动物，这份名单看起来像是包括了非洲全体野生动物：水牛、非洲旋角大羚羊、野生的角马、斑马、瞪羚、长颈鹿、大象和黑犀牛。它们悠闲地漫游于辽阔的自然保护区中。每年五六月间，庞大的斑马群和花斑牛羚群汇聚在塞伦盖蒂高原，六七四一排横立，准备开始行程500千米的向西迁徙。恩戈罗恩戈罗自然保护区的这一壮观景象举世罕见。

每当春天来临，准备一年一度迁徙的火烈鸟成千累万地云集在火山口的咸湖，宛若一层粉红色薄纱铺撒在湖面上，美丽异常。当然，这里也免不了上述动物的天敌们，包括狮子、斑鬣狗、豺、猎豹、豹和薮猫等食肉动物，随时在树林和草丛中注视着它们的晚餐，这些野生动物的总量竟然在4万只以上。

野生动物之所以在这里快活地生存，实际是由于这里的天然环境犹如天堂一般，生活在火山口的动物们，即使在最干旱的季节，也不必远离这里，这里有足够的水和食物，即使它们的繁衍数量达到了200万头，这里仍然可以是它们的自由之地。

三江源自然保护区

当你领略完了国外著名的自然保护区的美丽和生机后，是不是特别想了解一下我们身边的自然保护区呢？我国对于自然保护区的建立，起步比较晚，这与我国的国情和民情以及历史都有一定的关系。20世纪50年代中期，我国建立了第一个具有现代意义的自然保护区——鼎湖山自然保护区，此后国家和社会各界对于自然保护区的重视逐渐加强，并对自然保护区的建设投入了大量精力和财力。截至目前，我国的自然保护区数量已经接近3000个，总面积约占我国陆地领土面积的15%以上。在这些星罗棋布的大小自然保护区中，名声最响亮、价值最受推崇的要数中国三江源自然保护区了。

三江源自然保护区地处青藏高原腹地。从它的名字你就可以猜测出，它一定是三条江水的发源地，没错，长江、黄河、澜沧江都从这里奔涌而出。三江源区曾是水草丰美、湖泊星罗棋布、野生动物种群繁多的高原草原草甸区，被称为生态"处女地"。近年来，由于温室效应等环境影响，这里的生态受到了威胁，但是好在及时地建立了保护区，确立了生态保护的

三江源保护区内实景

策略和措施。三江源自然保护区，是欧亚大陆上大江大河发育最多的区域，包括孕育了黄河、长江、澜沧江、恒河、印度河等国内外许多著名的河流。据统计，长江总水量的 25%、黄河总水量的 49%、澜沧江总水量的 15% 来自该青海地区。三江源自然保护区的重要性可见一斑。

其次，三江源自然保护区，是世界上高海拔地区生物多样性最集中的地区，该地区最低海拔约 3335 米，最高海拔 6564 米，大量珍稀的高原生物种群在这里生存和繁衍，国家重点保护动物有 69 种，其中国家一级重点保护动物 16 种，比如艾鼬、沙狐、斑头雁等，还有些我们都没有听闻过的神奇物种在这里生存。此外，国家重点保护的植物，这里就存有 3 种，比如传说中的虫草（冬虫夏草）就在这里存有。

三江源自然保护区以其独特的地形地貌、多样的生物种群以及秀美的自然景观，成为我国自然保护体系中的一颗明珠。

生命华彩——动物

　　如果没有人类，地球将是多么寂静和孤独？很多自以为是的人常常将人类比作世界的主人，一切生命的仲裁，但其实我们才是最孤独的那个。好莱坞电影《我是传奇》中，描述了一个明天的世界：在那里，人类为自己摧残自然的愚蠢的行为埋单，世界上仅存的人类与稀少的动物相依为命，人类终于明白，在地球上我们最好的朋友，就是它们——动物。

同在一片蓝天下：人类与动物共存

说起自然，想必读者们最先想起的就是那些生龙活虎，与我们朝夕相处的动物们了。它们或是生活在我们的身边，如狗、猫、各种家畜、家禽等，与人类朝夕相处；或者是时常出现在各种媒体中，如草原上的猎豹、雄狮，动物园里的猩猩、大象等等，其中很多成为了家喻户晓的明星。这些与人类生存环境有着密切关系的动物们，是生物世界中的重要构成之一，由动物类构成的生物界一般被称为动物界，动物界是人类赖以生存的生态系统中的重要组成部分。

科学界的共识是，最早的动物产生于 4.5 亿～5 亿年前。科学研究表明，动物的祖先应是来源于多种原生生物的集合，然后发生细胞分化，而不是来自一个多核原核生物。动物有着各种行为。这些行为可以看做是动物对刺激的反应，因此具有与植物不同的形态结构和生理功能，以进行摄食、消化、吸收、呼吸、循环、排泄、感觉、运动和繁殖等生命活动。动物们属于典型的消费者。动物不能以光合作用来生存，它们能够对环境作出反应并移动，捕食其他生物，其遗体会被微生物分解成为无机物，再次进入循环，动物的行为同时也塑造了生物圈的形态。

人类出现以后，动物界的历史就开始与人类结下了不解之缘。动物界的进化与发展，伴随着人类生态圈而同步进行，可以说，人与动物是相互依存的。我们平时口语中所谓的动物，是相对于植物和人类来说的，其实，科学意义上来说，人类只是动物界的一种而已，比起整个动物界来说，简直是沧海一粟。21 世纪初，

软体动物明星——蜗牛

人类已知世界上的 120 万种动物，其中有超过 90 万种是昆虫、甲壳类动物和蜘蛛类动物。

动物的种类繁多，为了便于人类识别和研究，人类很早就开始对动物进行分类的研究。比较典型的几种分类方法包括：

第一，根据自然界动物的形态、胚胎发育的特点、身体内部构造、生理习性、所生存的地理环境等特征来划分，通常分为脊椎动物和无脊椎动物两大类。其中脊椎动物主要包括：鱼类、鸟类、两栖类、哺乳类、爬行类等；相对应的无脊椎动物则包括：腔肠动物、棘皮动物、原生动物、扁形动物、节肢动物、软体动物、环节动物和线形动物八大类。与我们认为脊椎动物占多数的看法不同，无脊椎动物占世界上所有动物的 90% 以上。

第二，根据动物水生或者陆生，可将它们分为水生动物和陆生动物，这里主要根据其生活习性和生存环境划分。

第三，更简单的分类方法，根据动物有没有羽毛，可将其分为有羽毛动物和无羽毛动物，当然这种分类法比较笼统和简单，通常在比较严谨的科研和学习中不太采用。

动物的起源、分化和进化的漫长历史，就是一个由单细胞到多细胞，由无脊椎到有脊椎，由低等到高等，由简单到复杂的过程。最早的单细胞的原生动物进化为多细胞的无脊椎动物，逐渐出现了海绵动物、腔肠动物、扁形动物、纽形动物、线形动物、环节动物、软体动物、节肢动物、棘皮动物；由没有脊椎的棘皮动物往前进化出现了脊椎动物，最早的脊椎动物

鹌鹑

是圆口纲，圆口纲在进化的过程中出现了上下颌、从水生到陆生。两栖动物是最早登上陆地的脊椎动物。虽然两栖动物已经能够登上陆地，但它们仍然没有完全摆脱水域环境的束缚，还必须在水中产卵繁殖并且度过童年时代。从原始的两栖动物继续进化，出现了爬行类。爬行动物可以在陆地上产卵、孵化，完全脱离了对水的依赖性，成为真正的陆生动物。爬行类及其以前的动物都属于变温动物，它们的身体会变得冰冷僵硬，这个时候它们不得不停止活动进入休眠状态。然后爬行类动物进化为鸟类，成为了恒温动物，不必进入休眠状态，最后进化成胎生动物、哺乳类动物。而人是哺乳类动物中最高级的一种。

　　所有的高级动物都意识到，在自己的生存环境中，至少还存在着一些其他种类的动物。人类虽然也是动物的一个种类，但是由于人类是具备劳动能力的高级动物，所以人与动物是特殊的关系，这个关系包括共生、竞

争、寄生和捕杀等内涵。其中在共生关系中，人类要驯化动物，人类驯养动物至少有 1 万年的历史，甚至还不只 1 万年。最早驯化的动物似乎是山羊、绵羊和驯鹿。捕获的鸟类中间，数千年以前就被驯化了的种类主要有鸡、鸭、鹅；其次才是雉、珍珠鸡、鹌鹑和火鸡。人类对鱼的驯化只是最近 2000 年的事，驯化历史较长的鱼只有鲤鱼和金鱼。

人类驯养的马匹

人类与动物的共生关系中，所谓的互利实则是对人类更加有利。但是，因为我们并不杀死这些动物，它们与我们的关系自然不同于更为残酷的猎物与捕杀者的关系。所以这种关系仍然自成一类。我们是以饲养和照料为代价来利用这些动物的。这是不平等的共生现象，因为我们控制着局势，我们的动物伙伴极少有，甚至完全没有选择余地。

人与动物的另一种关系是把动物当作产品的源泉。这些动物不被宰杀，所以从这一点看不能把它们看成是猎物。我们只是从它们身上获取某些东西：从牛马和山羊身上挤奶，从绵羊和羊驼身上剪毛，让鸡鸭下蛋，叫蜜蜂酿蜜，要蚕吐丝。除了作为狩猎的伙伴，害兽的捕杀、役畜、产

人类的邮差——信鸽

品的源泉等主要类型外，有些动物还以更奇特的方式与人建立起共生关系。鸽子被驯化成信使，几千年来人们一直在利用它那惊人的返家本领。人与鸽子的关系在战争期间变得更加密切。近代出现了一种反共生关系的现象，其形式是训练猎鹰来截击信鸽。另外，经过长期选育，人们培养出暹罗斗鱼和斗鸡作为赌博手段。豚鼠和小白鼠被广泛用在医学上，作为实验室里的"活的试验台"。

这些主要的共生动物被迫与足智多谋的人类结成伙伴关系。它们得到的好处是不再被人类当作敌人，因而它们的数量猛增。就世界范围的数量来看，这些动物是十分兴旺发达的。然而这种发达也有限制。它们付出的代价是失去了进化的自由，它们丧失了遗传的独立性。它们虽然受到精心的饲养，但它们的繁殖却受到人类种种奇异念头的控制。

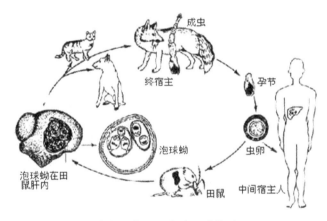

寄生虫在人和自然间的传递

除了猎物和猎手的关系、共生伙伴关系之外，动物与人的第三种关系是竞争关系。凡是与人争夺食物、争夺生存空间或干扰我们有效生活的动物都会被无情地消灭掉。我们无需列举这些动物的名字。实际上，既不能食用，又不具备共生意义的动物都要受到攻击和消灭。这种做法至今仍在世界各地继续。与人类竞争较小的动物只是偶尔受到伤害，但危险的竞争者却很难逃脱人的捕杀。过去，与我们亲缘关系最为密切的灵长目动物正好是对我们威胁最大的竞争对手；今天，在灵长目大家族中，我们是唯一的幸存者，这绝不是偶然的。大型食肉动物是另一类危险的竞争对手。凡是人口达到一定密度的地方，这些动物就被消灭殆尽。例如在欧洲，只有裸猿有人满之患。除此之外，几乎没剩下任何大型食肉动物了。

接下来一种关系是人与寄生性动物的关系。它们的未来就更为凄凉。我们可能会为失去一种迷人的食物竞争对手而伤心，但谁也不会为跳蚤的减少而掉泪。由于医学的进步，寄生虫对人的困扰日益减轻，随之而来的是其他动物受到额外的威胁。一旦消灭了寄生虫，我们的健康就会增强，人口就会以更加惊人的速度增长，消灭所有弱小竞争对手的需要就更为迫切。

第五种关系是人与食肉动物的关系。它们也在日趋消亡。人类从来也未真正成为任何动物的主要食物。就我们所知，在各个历史阶段，人类的数量从来也没有因为食肉动物的存在而急剧减少过。但是大型食肉动物，如狮、虎、豹和豺狼，巨大的鳄鱼、鲨鱼和食肉鸟不时要袭击和骚扰人类，如今它们的寿命已屈指可数了。具有讽刺意味的是，杀人最多的动物（寄生虫除外）并不食用人富有营养的尸体。

人与动物同生一个星球，共享一个环境。地球为人与动物的生存发展提供了丰富的资源和开阔的空间。如果没有阳光、空气、雨露和草木等，人与动物都无法生存和发展下去。人与动物相互依赖，相互依存。生命不能只有人没有动物，地球也不能只有动物没有人，只有人与动物和谐同处共存，生命才多样，环境才稳定，生命才不会孤独。假如没有了动物，陆地会被草木吞没，海洋会变成臭水潭；假如没有了人类，河流会泛滥，草原会燃烧。在恐龙时代，假如有了人类，也许地球生物的命运将是另一种结果。人类与动物，是生活在一片蓝天下的好朋友和好邻居。

众星闪耀五大洲：动物圈中的明星

　　亚洲是世界上最典型的大陆型动物区，动物的种类和数量都很多，动物的分布范围也很广。丰富的自然资源、多变的气候气象、广阔的土地和千奇百怪的地形地貌，造就了亚洲独特的动物圈。存在如亚洲象、爪哇虎、马来貘、孔雀等颇具特色的高等动物，现在我们就带读者认识其中之一——亚洲象。

　　读者们经常会在动物园中看到有趣的大象喷水，或者用鼻子搬运木材等表演，其实我国动物园中的这些大家伙们，就是典型的亚洲象了。亚洲象，主要分布在东南亚和南亚次大陆，当然在非洲的某个地方，据说也有亚洲象的后代。亚洲象的身形应该是亚洲哺乳动物中最大的了，它们全身

亚洲象

灰色或者深棕色。成年雄性亚洲象，高2.4～3.1米，重2.7～5吨。亚洲象们的鼻子顶端有一突出物非常敏感而灵巧，这象鼻子除了呼吸和闻味以外，

还可以喝水和搬运物品，甚至给自己来个淋浴。我们通常最注意的，除了大象的鼻子，就是它们硕大的耳朵了，这些耳朵对于大象来说可是宝贝，上面附有丰富的血管，可以帮助亚洲象们度过炎热的季节。至于大象们的尾巴，当然是甩来甩去赶走讨厌的蚊蝇了。

亚洲象主要的栖息地是亚洲南部热带雨林、季雨林及林间的沟谷、山坡、稀树草原、竹林及宽阔地带。它们一般喜欢群居，每群数头或数十头不等，由一头成年公象作为群体的首领带着活动，大象们的主食是竹笋、嫩叶、野芭蕉和棕叶芦等，不过别看它们老是在咀嚼，其实吸收率很低。由于身上的毛少，亚洲象们容易生皮肤病，所以需要经常洗澡或做泥浴。象皮厚，有皱折，有的皱折纹路深达十几厘米。别以为这些大家伙们很笨拙，其实每头亚洲象每天要走 3～6 千米觅食，奔跑起来的速度竟然能够达到 36 千米/小时。野生亚洲象现在已经很少，2004 年公布的调查结果显示，全国亚洲象仅存 180 只。我国亚洲象仅分布于与缅甸、老挝相邻的地区，数量十分稀少，屡遭捕杀，破坏十分严重。现在国家建立了自然保护区，对随意捕杀野象的偷猎者，国家将按法律予以严厉制裁。

大熊猫

大熊猫在近代以来跟人类的关系特别密切。首先表现在它的名字。说起大家都熟悉的大熊猫，我们首先要为它正名，大熊猫学名其实是"猫熊"，意思是"像猫的熊"，严格说来，"熊猫"是错误的名词。这桩著名的"误案"是如此而成的：1936 年，四川重庆北碚博物馆曾经展出猫熊标本，说明牌上自左往右横写着"猫熊"两字。可是，当时报刊的横标题习惯于自右向左认读，于是记者们便在报道中把"猫熊"误写为"熊猫"。"熊猫"一词经媒体广为传播，久而久之，熊猫成了习惯称谓，而"猫熊"这个真名字反而叫不习惯了。

熊猫

关于大熊猫在动物界内的种属问题，经过长期的争论，现在普遍认为它们属于熊科的早期分支，但由于特殊而被单独列为大熊猫科。大熊猫黑白相间的体色，前掌除了 5 个带爪的趾外，还有一个第六趾。背部毛粗而致密，腹部毛细而长，憨态可掬的样子赢得了很多人的喜爱，它们通常体长 20 ~ 190 厘米，体重 85 ~ 125 千克。大熊猫的头部和身体毛色绝大多数为黑白相间分明，当然，世界之大，无奇不有，熊猫世界里也存在着纯白色的大熊猫或者是棕色的大熊猫。它们的发现，具有重大科学意义。这样，目前已知的大熊猫的毛色共有三种：黑白色、棕白色、白色。

大熊猫主要栖息地在我国的长江上游各山系的高山深谷，它们活动的区域多在坳沟、山腹洼地、河谷阶地等，一般在 20℃ 以下的缓坡地形。这些地方土质肥厚，森林茂盛，箭竹生长良好，构成一个气温相对较为稳定、隐蔽条件良好、食物资源和水源都很丰富的优良食物基地。熊猫和东北虎一样，都是独栖生活，昼夜兼行。现在的熊猫主食主要是高山、亚高山上的 50 种竹类，偶食其他植物，甚至动物尸体。熊猫日食量很大，每天还到泉水或溪流饮水，但是它们 500 万年前的老祖先可是食肉动物，后来由于地理环境的变化，而进化成为依赖竹子生存的动物。尽管大熊猫与世无争，但在它的栖息领域里，还是有一些与它们为敌的动物，如金猫、豹、豺、狼、黄喉貂等，但是它们主要是袭击大熊猫的幼仔和病弱年老者。

俗话说，物以稀为贵。目前熊猫数量极少，野生熊猫更是稀有。大熊猫的珍贵不仅体现在数量少，还在于它们是人们常说的活化石，它们生活的年代距今 500 年，这对于研究和保护生物多样性，以及地球的环境变化有很重要的科学价值。多年来，大熊猫作为我国传递友谊的"吉祥物"，带着中国人民的热情走向了世界多个国家。

非洲犀牛

犀牛是陆生动物中最强壮的动物之一。约 6000 万年前犀牛就已出现，现在世界上共有黑犀牛、白犀牛、印度犀牛、苏门答腊犀牛和爪哇犀牛等 5 种。主要分布于非洲和东南亚，是仅次于大象体型的陆地动物。所有的犀类基本上是腿短、体粗壮；体肥笨拙，皮厚粗糙，并于肩腰等处成褶皱排列；毛被稀少而硬，甚或大部分无毛；耳呈卵圆形，头大而长，颈短粗，长唇延长伸出；头部有实心的独角或双角（有的雌性无角），起源于真皮，角脱落仍能复生。别看这些犀牛样子很凶悍，它们可是非常胆小的，一般来说，它们宁愿躲避而不愿战斗。不过它们受伤或陷入困境时却异常凶猛，往往盲目地冲向敌人。

说来好笑，犀牛们最大的爱好是睡觉，而且成群居住在一起。小牛犊十分依恋母亲。犀牛的皮肤虽很坚硬，但其褶缝里的皮肤十分娇嫩，常有寄生虫在其中，为了赶走这些虫子，它们要常在泥水中打滚抹泥。有趣的是，有一种犀牛鸟经常停在犀牛背上为它清除寄生虫。生活在非洲大草原的犀牛，除了以草为主食，还吃一些水果、树叶、树枝和稻米。爪哇犀牛吃小树苗、矮灌木和水果。

由于人类的威胁，犀牛的日子并不好过。国际市场还是对犀牛角有所需求，盗猎者因此可获得非常高的经济利益。在中国、韩国和一些东亚国家，犀牛角被制成传统药材。阿拉伯国家把犀牛角看作社会级别的象征；在也门和阿曼，犀牛角被用来制作仪式上使用的匕首手柄。在整个20世纪80年代，许多盗猎者为了利益不惜任

非洲白犀牛

何手段，黑犀牛的数量因此而锐减。从1981到1987年，95%的坦桑尼亚黑犀牛倒在了盗猎者的枪下，剩余数量从3000只减到100只。由于市场日渐兴旺，犀牛总是会处于盗猎的威胁之下。此外，由于人类生态系统的不断拓展，犀牛的栖息地受到了大量的侵占和破坏，这也是造成犀牛数量日益减少的重要原因。

欧洲陆龟

说起欧洲的代表性动物，恐怕很多人的脑际会突然一片空白。的确，欧洲大陆的野生动物主要特点就是动物的种类贫乏和风土性比较弱，缺乏一般的高等类型动物，尤其是特有动物更少。造成这种情况的主要原因共

有三个：①与动物本身生态发展有关外，还与自然环境的发展历史有关；②欧洲的景观比较单一，而且严酷，缺乏热带草原和热带森林植被种类单调而年轻；③欧洲的动物组成受第四纪冰川作用的影响很大。冰期时被冰川覆盖的欧洲北半部，原有的动物大部分被灭绝，只有一小部分以南方为避难所的动物才得以保存下来。时至今日，欧洲历史上比较出名的欧洲狮、欧洲野牛都因为人类和自然的原因而灭绝了。我们现在挑选其中相对出名的欧洲陆龟作介绍。

温顺的欧洲陆龟

其实，欧洲陆龟的老家还是在北非，后来漂洋过海来到欧洲落户。欧洲陆龟主要分布区域都在地中海外围，所以也属于地中海陆龟家族。体型与体色的变异都很大，在地中海陆龟中仅次于四趾陆龟，是数量第二大的陆龟。欧洲陆龟是素食动物，并且不挑食，一般蔬果都能接受，它们的体型较小，比起我国的大陆龟，要苗条很多。由于欧洲大陆对野生大陆而言相对苛刻的自然环境，使得欧洲陆龟们有着吃苦耐劳的品质，对于温度、湿度、水的要求都不是很高，到了冬天由于缺少食物，它们还会适时地冬眠。一般情况下，这些吃苦耐劳的陆龟们的身体是非常强健的，很少有疾病能击倒它们。但是它们也有一种"富贵病"，就是结石，没错，和人一样会在内脏中产生结石。它们的寿命一般都很长，除非受到天敌的威胁，否则，可以活上一整个世纪。

由于人类的生态圈对陆龟的影响相对小一些，所以这些陆龟得以在欧洲苛刻的环境中继续存活。现在，欧洲陆龟不仅仅在欧洲成为明星，也成为了其他地区人们争相饲养的家庭宠物。由于欧洲陆龟生存性强，并且对环境和食物的要求都不高，饲养起来非常地容易和方便，所以连距离欧洲数千千米的地方，也有了它们的足迹。不仅如此，这种陆龟的生存也越来越引起了欧洲当地政府和人民的重视，越来越多的人投入到了对欧洲陆龟的保护活动中去。

大洋洲鹈鹕

地处地球南端的大洋洲，和其他大陆远隔重洋，这种孤立的地理位置，对人类的发展造成了一定不便，但这对于野生动物来说是个好消息。由于人类活动的减少，对野生动物的环境造成的伤害很小，大量的动物得以安静地生存和繁衍下来。说起大洋洲动物，都会首先想起袋鼠和考拉，其实大洋洲广阔的大地上，奔跑着千奇百怪的各种动物。澳大利亚共有230种哺乳动物、800种鸟、300种蜥蜴、140种蛇和2类鳄鱼。犹以袋鼠、树熊、鸭嘴兽和鹈鹕这四种动物最为著名。鱼类中的肺鱼，鸟类中的鹈鹕科、琴鸟科、鹤鸵科等，爬行类中的鳞脚蜥科等，这些动物在人类的关爱下自由快乐，也成为人类友善的朋友。

鹈鹕

今天我们既不介绍考拉袋鼠，也不讲鸭嘴兽，而是向读者们讲述另一种大洋洲动物明星——鹈鹕。也许有些读者会问：我们国家也有鹈鹕啊？的确，鹈鹕的种类很多，分布也很广，但是大洋洲鹈鹕由于种群和环境的特别，是比较特殊的一种。"鹈鹕"，被叫做"塘鹅"，是大洋洲最大的水鸟。第一眼见到它们的时候，你会被它们嘴下面的那个大皮囊吓一跳。鹈鹕的嘴长30多厘米，大皮囊是下嘴壳与皮肤相连接形成的，可以自由伸缩，是它们存储食物的地方。鹈鹕的身长且优美，长有密而短的羽毛，和一般的水鸟一样，能够分泌大量的油脂，闲暇时它们经常用嘴在全身的羽毛上涂抹这种特殊的"化妆品"，使羽毛变得光滑柔软，游泳时滴水不沾。

鹈鹕们的生活其实很无聊，通常它们除了游泳外，大部分时间都是在岸上晒晒太阳或耐心地梳洗羽毛。鹈鹕的目光锐利，善于游水和飞翔。即使在高空飞翔时，漫游在水中的鱼儿也逃不过它们的眼睛。如果成群的鹈鹕发现鱼群，它们便会排成直线或半圆形进行包抄，把鱼群赶向河岸水浅的地方，这时张开大嘴，凫水前进，连鱼带水都成了它的囊中之物，再闭上嘴巴，收缩喉囊把水挤出来，便把鲜美的鱼儿吞入腹中，美餐一顿。但是如果是孤军作战的话，它们会从空中俯冲入水，景象颇为壮观。鹈鹕从水面起飞的时候，它先在水面快速地扇动翅膀，双脚在水中不断划水。在巨大的推力作用下，鹈鹕逐渐加速，然后，慢慢达到起飞的速度，脱离水面缓缓地飞上天空。有的时候，吃得太多，显得非常笨重，就不能顺利起飞，只能浮在海面了。

由于大洋洲独特的地理、人文环境，人们比较具有环保意识，对于动物们的保护可谓关怀到家、面面俱到，所以鹈鹕在大洋洲的生活是非常惬意的。澳大利亚悉尼港里，你可以在合适的季节随时观看到大群的鹈鹕捕食和追逐玩耍，那种冲击力很强的画面，令你以为到了人间仙境，并且自觉地思考起对自己家乡动物的保护来。

美洲豹

美洲豹又被称为美洲虎，其实它们既不是虎也不是豹，它和我们俗称的"四不像"一样，虽然是个"二不像"，但是却是猫科动物中一个独特的种类。生存在美洲大地上

的美洲豹，外形像豹，但比豹大得多，为美洲最大的猫科动物，它们甚至在饥饿的时候会去捕食鳄鱼。但是，它们虽然在美洲称王称霸，但与东北

虎这样的猫科动物中的"大哥大"比较起来，体型还是较小，所以一般不敢与棕熊等大型猛兽发生冲突。它们的体型虽然小，却享有"全能冠军"的称誉。这是因为美洲豹们具有虎、狮的力量，又有豹、猫的灵敏，特别是其咬合力和犬齿在猫科中最强，使猎物毙命的效率最高，喜欢直接洞穿猎物的头盖骨是其一大特点。

这种凶猛的动物目前生存于南北美洲各处，最北分布至加拿大，最南分布到阿根廷的南部。但是很不幸，在北美洲，由于人类的过度发展，除了加拿大外有少量存在外，已经绝迹了。它们是名副其实的孤胆英雄，喜欢单独居住和捕食动物，白天在树上休息，夜间捕食野猪、水豚及鱼类，善游泳和攀爬。美洲豹的奔跑非常迅猛，与我们印象中的非洲猎豹相比有过之而无不及，它们通常潜伏在猎物周围，当猎物放松警惕的时候，开始悄悄靠近猎物，当足够靠近时，它们会大发虎威地一跃而起，这时候无论是什么动物，逃跑都已经是徒劳了，美洲豹会以迅雷不及掩耳之势扑到它们，然后慢慢享用自己的成果。美洲豹的优美身姿和迅猛奔跑，令人们惊艳不已，所以现在著名的"美洲豹"牌汽车也是以"速度"见长的。

虽然，美洲豹现在已是受保护的动物，但仍面临绝种危机。这主要是因为人们不断开发森林，破坏了栖息环境，再加上它们带斑点的美丽毛皮具有高度的经济价值，使得数以千计的美洲豹遭到人们屠杀。随着人类环保意识的逐渐增强和相关法律的健全，美洲豹的生存和发展空间得到了很好的保护，相信不远的明天，它们又能开始在美洲大陆上展现自己的凶猛了。

无可奈何花落去：已经灭绝和濒临灭绝的动物

　　人类的无度发展，打破了自然界的平衡，对动物们的生存环境也产生了极大的破坏，造成了成千上万的动物灭绝或者濒临灭绝。造成动物生存环境的几大罪行分别是：第一，生境丧失、退化与破碎。人类能在短期内把山头削平、令河流改道，百年内使全球森林减少50%，这种毁灭性的干预导致的环境突变，67%的物种遭受生境丧失、退化与破碎的威胁。第二，人类的过度开发。在濒临灭绝的脊椎动物中，有37%的物种受到过度开发的威胁，许多野生动物因被作为"皮可穿、毛可用、肉可食、器官可入药"的开发利用对象而遭灭顶之灾。更多的是野生动物的肉，成为人类待价而沽的商品。第三是环境污染。人类为了经济目的，急功近利地向自然界施放有毒物质的行为不胜枚举：化工产品、汽车尾气、工业废水、有毒金属、原油泄漏、固体垃圾、去污剂、制冷剂、防腐剂、水体污染、酸雨、温室效应……当然，人类对动物界的破坏远不止于此，盲目地迁移物种、频繁的战争等都对动物的灭绝负有不可推卸的责任。目前全世界有794多种野生动物濒临灭绝，已经灭绝的动物更是多得无从考证了。下面我们就向大家介绍几种已经灭绝和即将灭绝的动物。

旅鸽

　　我们之所以把旅鸽放在第一位，不是由于它的珍稀或者伟大，而是因为旅鸽的灭绝完全是人类一手造成的，至今让人痛惜不已。旅鸽，顾名思义，是一种特别喜欢旅行的鸽子。鸽形目鸠鸽科鸠鸽亚科的一种。又称漂泊鸠，为近代绝灭鸟类中最为著名的代表。旅鸽体长35～41厘米，重250～340克；形似斑鸠，翅尖，尾羽扇形，较长，可占体长的1/2。背上部蓝灰色，腹部至尾为灰棕色；胸部暗红，有大白斑点；颈羽青铜色，有紫、绿色闪光。喙黑色，虹膜红色，腿深红色。典型群居生活，每群可达1亿只以上。主要食用浆果、坚果、种子和无脊椎动物。每产1卵，雌雄共同孵卵；孵化期约 13 天。雏鸟第一周食双亲分泌出的鸽乳。原分布于北美洲的东北部，秋季向美国佛罗里达州、路易斯安那州和墨西哥的东南方迁徙，栖于森林中。直至 1850 年还可见到上百万只的鸟群。由于土地开垦，森林破坏，人和家畜的大量捕杀食用其肉，甚至用作肥料，到 19 世纪末，已减少到很难见到几只鸟的小群。当人类采取保护措施时已太迟。

已经灭绝的旅鸽

19 世纪初有数十亿只旅鸽栖息于北美东部，迁徙鸟群可遮天蔽日达数天之久。著名鸟类学家曾因为看到遮天蔽日的旅鸽群而预言：旅鸽，是绝不会被人类消灭的。但是很不幸，由于土地开垦，森林破坏，人和家畜的大量捕杀食用其肉，甚至用作肥料，他们焚烧草地，或者在草根下焚烧硫黄，让飞过上空的鸽子窒息而死。他们甚至坐着火车去追赶鸽群。枪击、炮轰、放毒、网捕、火药炸……他们采用丰富想象力所能想出的一切手段，无所不用其极。捕杀鸽子不仅用来食用，还用来喂猪，甚至仅仅为了取乐。

1900 年最后一只野生旅鸽被杀死。1914 年，最后一只人工饲养下的旅鸽——"玛莎"老死于辛辛那提动物园。至此，旅鸽在几十年内，由几十亿只到完全绝灭。当时，美国威斯康星州立怀厄卢辛公园立有一块旅鸽纪念碑，上书："该物种因人类的贪婪和自私而绝灭。"可以说，这段本不应该发生的故事，是对人类破坏自然，导致动物灭绝的最好罪证。纪念碑只是一块冰冷的石头。近百年来，在人类干预下的物种灭绝比自然速度快了 1000 倍。全世界每天有 75 个物种灭绝，每小时有 3 个物种灭绝。很多物种还没来得及被科学家描述就已经从地球上永远地消失了。

渡渡鸟

过去，毛里求斯岛上鸟类很多，后来大多遭到了灭绝的命运，很多种类连标本都没有留下来，人们只是从残留的遗骨和航海者的记述中才知道一些它们生活的情况，渡渡鸟就是其中最著名的一种。现于牛津大学保存一个渡渡鸟的头和脚，大英博物馆只保存一只脚，哥本哈根保存着一个头。

渡渡鸟（在葡萄牙语中是愚笨的意思）出现在距今2000万年前，一直生活在印度洋中远离大陆的毛里求斯岛。渡渡鸟仅产于非洲的岛国毛里求斯，肥大的体型总是使它步履蹒跚，左右摇摆，再加上一张大大的嘴巴，使它的样子显得有些丑陋。渡渡鸟不会飞，而且体形很大，以至于可能你都不信它是鸟类。渡渡鸟过群居的生活，岛上没有它们的天敌，因此它们安逸地在树林中建窝孵卵，繁殖后代。欧洲的水手在1507年毛里求斯岛上发现了这种鸟。

渡渡鸟复原图

如果说旅鸽的悲剧令人痛惜，渡渡鸟的灭绝则让人哭笑不得。因为，从它们灭绝的过程来看，除了自然死亡外，有一部分简直是被"吃光"的，它们竟然灭绝在人类的嘴里。16世纪，葡萄牙水手发现了毛里求斯，17世纪，荷兰定居者开始开拓殖民地，而渡渡鸟正是在这一时期走向灭绝。对食肉动物毫无经验的渡渡鸟并不惧怕进行猎杀和破坏其生存环境（森林）的人类定居者。

从这以后，枪打狗咬，鸟飞蛋打，大量的渡渡鸟被捕杀，就连幼鸟和蛋也不能幸免。开始时，人们每天可以捕杀到几千只到上万只渡渡鸟，可是由于过度的捕杀，很快他们每天捕杀的数量越来越少，有时每天只能打到几只了。过往的船只同时带来了大量老鼠，它们疯狂地偷食地面巢穴中的鸟蛋，也在一定程度上加剧了渡渡鸟的灭绝。截至1681年，再也没有在那个岛上发现活着的渡渡鸟了。为数不多的渡渡鸟在17世纪被带到了英国，但200多年来，没有人看见活的渡渡鸟。这就是那句"像渡渡鸟一样销声匿迹了"的来历。

英国作家刘易斯·卡罗尔在他著名的童话《爱丽丝漫游奇境记》中活灵活现地描绘出了一只"爱用莎士比亚的姿势思考问题"的渡渡鸟，但实际上，这位生于1832年的英国人终其一生也没能见过一只活着的渡渡鸟。

虽然渡渡鸟已经在地球上消失了，可是在毛里求斯岛上却到处可以"遇见"它，因为在国徽、钱币、纪念品、艺术品、广告和俱乐部的名牌上，都能看到它的形象。这些都在提醒人们，要热爱和保护濒临灭绝的野生动植物，不要让它们再重演渡渡鸟的悲剧。

欧洲狮

在很多人印象里，欧洲没有大型哺乳动物。相反，欧洲大陆广袤的平原上，曾经是欧洲狮的天下。

欧洲狮，又名希腊狮，分布于伊比利亚半岛、法国南部、意大利及巴尔干半岛南部至希腊北部的地区。它们生活于地中海及温带森林，猎食欧洲野牛、麋鹿、原牛、鹿及其他欧洲的有蹄类。它们一般被认为是亚洲狮的一部分，但其他的则认为是一个独立的亚种。它们有可能是穴狮的余种。由于

欧洲狮

欧洲狮很早就已经灭绝，所以对它们所知甚少。古希腊《荷马史诗》中对这种狮子作过详细的描述，亚里士多德及希罗多德曾描述于公元前1000年在巴尔干半岛发现狮子。当泽克西斯一世于公元前480年穿越亚历山大帝国时，亦曾遇上几只狮子。在公元前20年及公元1年，欧洲狮分别在意大利及西欧灭绝。约于70年，它们只有在希腊北部介乎阿利阿克蒙河及尼斯图斯河找到。最终它们于100年在东欧消失。自此之后，直至10世纪，欧洲大陆的狮只有在高加索生活。

欧洲狮的灭绝是因过度猎杀、过度开发及与流浪犬竞争所致。连同巴巴里狮及亚洲狮，欧洲狮会在罗马斗兽场与勇士、里海虎、原牛及熊战斗。由于它们的地理分布，罗马人较容易找到它们。当欧洲狮步入灭绝时期，罗马人开始从北非及中东进口狮子。公元后世纪的欧洲几代人类活动和狩

猎，欧洲狮消失了。但不是没有希望，据有关资料显示，欧洲国家的一些动物园中圈养的狮子身上保留了欧洲狮的血统，因为2000年前环地中海的欧亚非三大洲的狮子亚种互相出现过种族交流，像波斯狮和阿拉伯狮身上很可能有欧洲狮的血缘。科学家们试图利用遗传基因学技术复原出当年的欧洲狮子，利用亚洲狮的母体产出纯欧洲狮血统的幼狮。

白鳍豚

白鳍豚又名白鳍鲸，是我国长江流域所特有的淡水豚类。白鳍豚在长江里大约生活了2500万年，是中新世及上新世延存至今的古老孑遗物种。白鳍豚是鲸类家族中小个体成员，从图片我们可以看出，白鳍豚长得很可爱，吻突狭长，额部圆而隆起。背鳍三角形，头顶的偏左侧有一个能启闭自如的呼吸孔。尾鳍水平向，向缘凹入呈新月形。视觉、听觉、嗅觉均已退化。

水中大熊猫——白鳍豚

在水中联系同类，趋避敌害，识别物体和探测食物等，完全依靠发出的声呐信号。白鳍豚性情温顺，喜欢生活在江河的深水区，很少靠近岸边和船只，但它时常游弋至浅水区，追逐鱼虾充饥。它的吻宽细长，上下颌长有130多枚圆锥形的同型齿，可它却懒得咀嚼，只管张口吞下鱼食，消化能力很强。白鳍豚往往成对或三五成群一起活动，但人们很少有机会看到它，只有在它露出水面呼吸时才能瞥见一眼。

由于数量稀少且为中国特有，白鳍豚被人们称为"水中大熊猫"，是国家一级保护动物，目前仅分布在长江中、下游干流的湖北枝城至长江口1600余千米的江段内。以鱼为食，结群活动，由于人类活动增加或活动不当，使白鳍豚意外死亡事故增多。据统计，1973～1985年间，共意外死亡59头，其中被鱼用滚钩或其他渔具致死29头，占48.8%；被江中爆破作业致死 11 头，占 18.6%；被轮船螺旋桨击毙 12 头，占 20%；搁浅死亡 6 头，占 10%；误进水闸 1 头，占 1.6%。另据统计，长江下游水域中意外死亡的白鳍豚，有 1/3 是被轮船螺旋桨击毙的。20 世纪 80 年代初有 400 多头，80 年代中期减至 300 来头，1990 年调查时有 200 来头，至 1993 年为 130 余头，而到 1995 年已不足 100 头，被列为世界级的濒危动物。

东北虎

　　东北虎也被称为西伯利亚虎、满洲虎、阿穆尔虎、乌苏里虎、朝鲜虎。别看它"花名"这么多，它现在可是地道的"中国制造"，主要分布于中国的东北地区，国外见于西伯利亚。东北虎，是现存体重最大的猫科亚种，雄性东北虎体长可达 3.2 米，平均体重达到 150～250 千克，目前最大野生东北虎体重达到 450 千克，近半吨的重量让人咋舌不已。东北虎体色夏毛棕黄色，冬毛淡黄色。背部和体侧具有多条横列黑色窄条纹，通常 2 条靠近呈柳叶状。头大而圆，前额上的数条黑色横纹，中间常被串通，活像汉字"王"，所以，东北虎享有"丛林之王"的美誉。

　　东北虎通常栖息于森林、灌木和野草丛生的地带，分布在我国东北的小兴安岭和长白山区。当然，和前面我们介绍的亚洲象不一样，东北虎向来是"独行侠"，难以见到成群的东北虎，这与它们凶猛、敏捷的身手不无关系。

　　说起主食来，东北虎可不是大象那么温顺了。在森林里，野猪、黑鹿和狍子都逃不出它们的掌心，除了自己的腿，它们吃遍所有的哺乳动物，有时候连小鸟都不放过。东北虎善于夜行，它们通常白天睡大觉，在傍晚或黎明前外出觅食，活动范围可达60平方千米以上。东北虎的虎爪和犬齿利如钢刀，是它们最锐利的武器，撕碎猎物时毫不费力，它们还有条钢管般的尾巴，对于猎物来说也是致命的武器。东北虎捕捉猎物时常常采取打埋伏的办法，悄悄地潜伏在灌木丛中，一旦目标接近，便"嗖"地窜出，扑倒猎物，或用尖爪抓住对方的颈部和吻部，用力把它的头扭断；或用利齿咬断对方喉咙；或猛力一掌击到对方颈椎骨，然后慢慢地吃。在人们心目中，老虎一直是危险而凶狠的动物。然而，在正常情况下东北虎一般不轻易伤害人畜，反而是捕捉破坏森林的野猪、狍子的神猎手，而且还是恶狼的死对头。为了争夺食物，东北虎总是把狼赶出自己的活动地带。东北人外出时并不害怕碰见东北虎，而是担心遇上吃人的狼。人们赞誉东北虎是"森林的保护者"。

由于东北虎身上蕴含的商业价值，导致利欲熏心的人类对它们的族群大开杀戒，大量的滥捕滥杀使得东北虎几近灭绝。值得庆幸的是，据1987年统计，世界各国的动物园（中国未计在内）养东北虎623只。现在我国大多数动物园都饲养了东北虎。这就是说，这个虎亚种现在还有一线生机。

天使与魔鬼同在：动物的报复

　　人类与动物的关系既有共生共存、相互依偎的温暖一面，也有人类"竭泽而渔"和动物"揭竿而起"的一面。一般来说，动物对人类是充满善意的，也是愿意共存的，只要人类能够在动物界容忍的程度内索取，人类和动物将共同为地球环境撑起一片天空。在原始社会中，人类出于最基本的生理要求，猎取动物，以动物的肉果腹，以动物的皮御寒。人类虽然也杀戮，但只是为了充饥而不是出于贪婪，程度只是限制在一定的范围内，这正常的需求符合自然界的一般要求，大自然可以允许和原谅。人类尽所能努力经营自己的生存环境，和地球上其他的物种一样，被大自然一视同仁地置于温暖的怀抱中，与整个生态圈融合为一个和谐体，相互依存，相互影响，相互促进，在自然的生存之链的互惠互利中，一切可能的、潜在的恶都会消解遁形于无。

　　不幸的是，自从人类产业升级的开始，对于自然界的要求远远地高出了其所能承受的限度，人类的贪欲导致了对动物界的毁灭性打击，也招致了动物们的"报复"。这些报复中有直接的，比如在美洲大陆，出现很多食人蜂袭击人类的事件；而非洲，原来温顺的河马由于生存环境受到破坏，而开始向人类报复，每年都有人被咬死；南亚次大陆上，也时常传出老虎伤人和咬人的消息；我国的云南，每年都有野生大象群破坏民居，毁坏橡胶、作物的事情，还有踩死居民的事件发生。

　　动物的简单"报复"已经触目惊心，但这只是动物们真正对人类惩罚的冰山一角，最令人类不寒而栗的报复，则是疾病传染。自然界的某些规律是人类无法掌握和控制的，人类一旦越过了某种界限，就会受到这些规律的惩罚。人类出于贪婪，肆意侵害动物的利益，那么来自动物的报复就是，"产生"大量病菌病毒，让人类大量死亡，从而达到物种的平衡。这就是自然规律在起作用，这种自然规律是人类目前难以控制的。当年的"非典"之后，人类对果子狸等动物产生了恐惧；禽流感后，鸡也被看做动物界的恐怖使者，而这些疾病的传染性和复杂性，也只不过是动物产生疾病的沧海一粟，大量的各种人类难以治愈和掌握的疾病，正随着人类的贪婪不断涌动而来。接下来，我们就为大家展现部分动物们的特殊报复——疾病。

鼠疫

鼠疫，就是恶名昭著的"黑死病"。鼠疫是由鼠疫杆菌引起的自然疫源性烈性传染病，也叫做黑死病。临床主要表现为高热、淋巴结肿痛、出血倾向、肺部特殊炎症等。本病远在 2000 年前即有记载，在人之间流行前，一般先在鼠之间流行，在野鼠、地鼠、狐、狼、猫、豹等动物中也有传播。家鼠中的黄胸鼠、褐家鼠和黑家鼠是人间鼠疫重要传染源。按中医的理论，鼠疫属于伤寒的一种。鼠疫通常先在鼠类或其他啮齿类动物中流行，然后再通过鼠、跳蚤叮咬传给人；当发展成肺鼠疫时亦可以在人与人之间传播。当每公顷地区发现 1～1.5 只以上的鼠疫死鼠，该地区又有居民点的话，此地爆发人间鼠疫的危险极高。

画家笔下的欧洲鼠疫图

鼠疫在人类中曾经三次大爆发，分别是公元 6 世纪，从地中海地区传入欧洲，致使 1 亿人死亡；公元 14 世纪，波及欧、亚、非洲，仅欧洲就死亡 2500 万人；公元 18 世纪，甚至传播 32 个国家，几乎波及了人类最主要的国家，死亡 1200 万人，其中 14 世纪大流行时波及我国。对于当时疫情的惨烈，云南师道南《死鼠行》中写道"东死鼠，西死鼠，人见死鼠如见虎。鼠死不几日，人死如圻堵"，足见当时的恐怖。在中国，明代万历和崇祯二次的大疫相信是这次全球大流行的一部分。据估计，华北三省人口死亡总数至少达到了 1000 万人以上，崇祯"七年八年，兴县盗贼杀伤人民，岁馑日甚。天行瘟疫，朝发夕死。至一夜之内，百姓惊逃，城为之空"，"朝发夕死""一家尽死孑遗"。当时无法找到治疗药物，只能使用隔离的方法阻止疫情蔓延。

鼠疫是最典型的动物传染性疾病，1910 年 10 月，中国东北发生鼠疫。1910 年 10 月 25 日，满洲里首发鼠疫，11 月 8 日即传至哈尔滨。之后疫情如江河决堤般蔓延开来，不仅横扫东北平原，而且波及河北、山东等地。患病较重者，往往全家毙命，当时采取的办法是将其房屋估价焚烧，去执行任务的员役兵警也相继死亡。一时从城市到乡村都笼罩在死亡的阴影之下。东北大鼠疫不仅造成了当时人民的大量死亡，而且还带来了生存压力及经济生活的全面恐慌，特别由于交通断绝而影响了城镇人民的正常生活。

埃博拉病毒

1994 年，美国作家普里斯顿的小说《热区》，向读者描述了一种可怕的病毒，引起了全球对这种病毒的关注和恐慌；1995 年，当好莱坞电影《蔓延》，在银幕上再次出现这种病的恐怖景象时，全球观众对这种病毒已经是闻名色变了。这就是世界上神秘病毒中最致命的一种——埃博拉病毒。

埃博拉是人类迄今未能征服的致命杀手，有科学家曾经评价：埃博拉病毒是世界医学界面对的一道难以解读的"哥德巴赫猜想"。埃博拉病毒又被译作伊波拉病毒，是一种能引起人类和灵长类动物产生埃博拉出血热的烈性传染病病毒，"埃博拉"病毒于 1976 年在扎伊尔埃博拉河附近一个小村庄首次被发现，因此得名埃博拉。

埃博拉病毒首次爆发的年份里，在扎伊尔的 55 个村庄及其邻国苏丹、埃塞俄比亚流行，使得上千人死于痛苦。从图片我们可以看出，"埃博拉"病毒的形状酷似中国古代的"如意"，但是不要被它的华丽外表给欺骗了。这种病毒非常活跃，主要通过人类和动物的体液，比如血液、汗液、唾液来传染，潜伏期为两天上下。埃博拉病毒患者的死亡率之高，是所有疾病都难以企及的，也是人类之所以

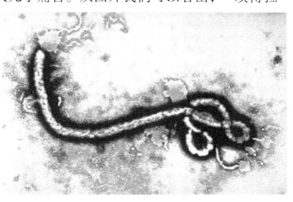

显微镜下的埃博拉病毒

谈毒色变的原因之一。一般情况下，埃博拉病毒患者的死亡率要达 50% ~ 90%，这使得埃博拉的首次爆发就夺走了近 300 人的生命，2003 年又在刚果（金）让 100 多人命丧黄泉，2004 年 5 月下旬苏丹南部疫情再发，同时俄罗斯一实验室女科学家因针刺感染而丧命，这一病毒杀手已引起国际上的高度重视。

如果说死亡率高是埃博拉令人战栗的原因之一，那么死亡惨状则是埃博拉更令人恐惧的原因了。初期，埃博拉病毒感染者表现出来的症状和一般的感冒患者非常相似，患者只感到发热、头痛、喉咙痛、胸闷。如果患者真的把这病状当成感冒了，那么厄运就此开始了。用不了等到明天，几个小时以后，就会开始全身出汗、胸痛、皮疹，而后开始出血、上吐下泻，并伴以肌肉和关节酸痛等症状，50% 以上的病人在发病后的第 5 天开始出皮疹，大多数则在第 5~7 天七窍流血不止，并且出血者占 71%。最严重的是皮肤黏膜、鼻、齿龈、内脏均出血，粪便呈黑色，出血往往是导致病人死亡的原因。再过一天，病人将感到难以忍受的痛苦，就连睁开眼都会感到疼痛，脑袋像是要爆炸。关于这种症状的惨象，我们在小说和电影中已经领教了，确实惨不忍睹。

但是，即使凄惨如此，治疗你的医生仍无法确定患者得了什么病。直

到几天后，病人开始体内外大出血，连眼睛和耳朵也流血不止，医生才敢确定病人感染了埃博拉病毒。不过，到这个时候一切都太迟了。一位传染病专家曾这样描述埃博拉病毒感染者病死的恐怖景象："病人体内外大出血，由于体内器官坏死、分解，他还不断地把坏死组织从口中呕出，我觉得就像看着一个大活人慢慢地在我面前不断溶化，直到崩溃而死。"

疯牛病

如果说鼠疫、埃博拉病毒的爆发，人类在一定程度上还可以归咎于自然，那么疯牛病的产生，则是人类自己一手造成的了。疯牛病首先是被牛感染的，而牛之所以会被感染，是人类残忍地将牛的同类的肉和骨髓制成高科技的牛饲料，这些肉骨髓中有的带有疯牛病病原体，当喂食之后，牛经胃肠消化吸收，经过血液到大脑，大脑将受到病原体的破坏，呈海绵状，最终导致疯牛病。

疯牛病病牛的症状主要表现为脾气改变，紧张，易怒，姿势和步态改变，难以站立，身体平衡障碍，运动失调，产奶量下降，体重下降。症状出现后不久即会死亡，病牛年龄多在3~5岁。当这种病毒传染给人类以后，主要的并发症为焦虑、压抑、行为畏缩等精神异常和行为改变，还有健忘、记忆力减退和进行性发展的小脑综合征，晚期可出现痴呆和阵发性肌痉挛。病人平均存活时间为 12 个月左右，最终死于植物神经功能衰竭或肺部感染等并发症。疯牛病虽然不如埃博拉病毒患者的死相惨烈，但是它的死亡率却达到了 100%！

那么，这种可怕的病毒是如何传染人类的呢？科学家经过研究发现，人类感染疯牛病一般存在三种途径：

（1）吃了感染疯牛病的牛肉或者其他相关的副产品，尤其是从脊椎上提取的肉制品。俗话说"病从口入"，果然不假。我们残忍地让牛食用它们同类的血肉和骨髓，那么它们就以同样的途径报复了我们，只要你吃了它们的肉，你也会跟它们一样，感染疯牛病，这真是莫大的讽刺！

（2）母婴传播方式。据 2003 年 3 月 5 日英国《泰晤士报》报道，英国最近出生的一名婴儿患有疯牛病，可能是通过母体胎盘垂直传播而得病，因为这名产妇有典型的疯牛病症状。也就是说，人类感染了以后，也会变成疯牛病的传染源，将病毒传染给其他的人，这种途径一般认为是第一种途径的附加危害。

（3）人类使用的某些化妆品或者其他产品中，含有动物作为原料的成分，也会传染给使用者。想想吧，你所使用的某一款晚霜之中，竟然躺着一头死去的疯牛，你难道不会不寒而栗吗？

部分科学家证明，疯牛病在人类身上并发，并不一定是动物的报复，也可能是环境污染造成的，认为环境

等待宰杀的病牛

中超标的金属锰含量可能是"疯牛病"的原因之一。其实这个证明除却医学贡献以后是很可笑的，难道环境污染不是人类一手造成的吗？

其实，疯牛病早于 1985 年 4 月就已在英国发现，此后，一场疯牛病肆虐了整个英国。为此，英国将疯牛病疫区的 1100 多万头牛屠宰处理，造成了约 300 亿美元的损失，并引起了全球对英国牛肉的恐慌。1996 年 3 月 20 日，英国政府宣布，英国 20 余名克雅氏病患者与疯牛病传染有关，引起世界的震惊。继英国之后，法国、德国、爱尔兰、瑞士、比利时、卢森堡、荷兰、葡萄牙、丹麦、意大利等 20 多个国家发生过疯牛病。十几年来，欧洲有近百人死于疯牛病，死者大多数是英国人，致使英国乃至整个欧洲都"谈牛色变"。

禽流感

令人谈之色变的禽流感，是动物界对人类摧残的另外一个"反弹"，其实禽流感并不是近几年才出现的病毒，早在 1878 年，意大利发生鸡群大量死亡，当时被称为鸡瘟，也就是最早的禽流感，直至 1955 年，科学家证实其致病病毒为甲型流感病毒。

科学家经研究得出结论，禽流感是禽流行性感冒的简称，它是一种由甲型流感病毒的一种亚型（也称禽流感病毒）引起的传染性疾病，被国际兽疫局定为甲类传染病，又称真性鸡瘟或欧洲鸡瘟。按病原体类型的不同，禽流感可分为高致病性、低致病性和非致病性禽流感三大类。非致病性禽流感不会引起明显症状，仅使染病的禽鸟体内产生病毒抗体。低致病性禽流感可使禽类出现轻度呼吸道症状，食量减少，产蛋量下降，出现零星死亡。高致病性禽流感最为严重，发病率和死亡率均高，感染的鸡群常常"全军覆没"。

禽流感病毒可以传染给人类。人类若感染后，主要症状表现为发高烧、不断咳嗽、流鼻涕以及肌肉疼痛等，并且多数伴有严重的肺炎，严重者心、肾等多种脏器衰竭导致死亡。禽流感的发病率和死亡率差异很大，取决于禽类种别和毒株以及年龄、环境和并发感染等，通常情况为高发病率和低死亡率。在高致病力病毒感染时，发病率和死亡率可达 100%。

最早的禽流感病例出现在 1997 年的香港。那次禽流感病毒感染导致 12 人发病，其中 6 人死亡。禽流感的可怕之一，是至今无法有效消灭，因为流感病毒因其会随外界环境刺激（药物刺激、射线刺激等）及简单的基因结构不断发生变异使其能逃脱动物产生的特异性抵抗力。人类对于预防和治愈禽流感可谓千方百计，研制了各种疫苗和药品，但是机体在产生特异性抗体后，病毒因发生变异逃脱了机体的扑杀，这样原有的抗体即失去作用，病毒就可使动物重新发病。

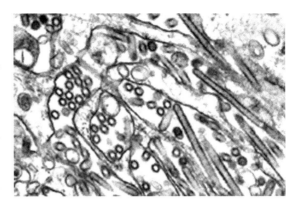

禽流感病毒在点子显微镜下的真实面孔

对于禽流感，"动物保护"人士将其视为动物对人类"文明"的报复，声称"从现有的科学研究成果看，禽流感的发生之源，是大规模的工业化动物养殖场"，呼吁人们像我们的初民那样，充分尊重动物的权利，与动物和谐相处，让生活回归到禽类与人类"风雨同舟"一般地亲密相处，才能避免一场人类的新灾难。这种担心不无道理。尽管相当多的科学家认为禽流感不是对人类文明的报复，而是对落后的生产、生活方式的惩罚。的确，禽流感在亚洲的传播，是由于这些地方盛行家禽与人类亲密相处的非工业化的"亚洲养殖方式"，而并不是人类对于动物界的破坏造成的。让我们看看所谓的"亚洲养殖方式"：在这些地区的农村，无数的家禽被放养在田间、池塘、河流和农场，使得它们有与携带病毒的野鸟及其粪便亲密接触、感染禽流感病毒的机会。不仅各种家禽混合饲养，而且与猪、牛、鱼混养。有的农场鸡舍就设在猪圈之上，鸡粪直接掉进猪槽中。这种混养方式为禽流感病毒在不同种群之间的传播和变异创造了条件。但是，生活方式也罢、生产方式也罢、生存方式也罢，科学家们无论如何也无法将人类的罪行抹杀掉。禽流感的产生，与人类的活动摆脱不了干系。

虽然很多病毒并不是在我们身边爆发，但是它们都是与人类对动物的伤害是分不开的，由于人类以动物界和自然界的主宰和领袖自居，因此而以为具有对所有生命的决策权，从而肆意伤害动物，对动物的利用更是用尽费退，这足以引起我们的思考，如此几百年，甚至几十年之后，人类还会招致多少动物的报复呢？非典、禽流感、猪流感，这些我们从未耳闻过的病症，近些年来一次又一次地侵袭人类，难道还没有引起我们对于自身生存方式的思考吗？亡羊补牢，犹未晚也！人类的生存与发展，离不开动物，人与动物的和谐相处，需要人类对自己的行为做出更多的思考和修正。

亡羊补牢犹未晚：人类与动物的明天

通常情况下，我们认为人类对于动物界的破坏和污染，无非是虐待动物、肆意捕杀和食用、破坏其生存环境等等，其实人类在生存与发展中对于动物界的负面影响远远不止于此。动物会传染病毒给人类，人类同样也会传染病毒给动物。

曾经有一条可笑的新闻：1988 年卢旺达当地的大猩猩就出现打喷嚏、咳嗽症状，然后软绵绵地趴在地上。后来对一只大猩猩的血液和组织取样分析才发现，它们感染上了麻疹……不久，研究人员又在野生猕猴和猩猩体内发现并分离出来了针对人的感冒病毒、麻疹病毒和结核菌的抗体，这也证

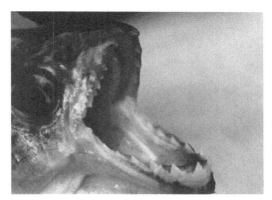

恐怖的食人鲳

明人的麻疹、感冒和结核等的确传染给了动物……这则新闻充分说明了，人与动物的相处，已经是你中有我，我中有你的地步了。

人类的一个错误行为，将导致间接的恶果，也会招致多重关系长时间后的其他恶心循环。比如，人类对于动物物种的迁移，尽管有些迁移不是主观的，但是新的物种对于动物界的原有生态平衡造成的伤害将远远超出我们的想象。2005 年，中国科学院动物研究所公布的一份资料显示：海狸鼠、麝鼠是早年从国外引进的，由于管理不善而"泛滥成灾"，已成了有害动物；轰动一时的"食人鲳"事件，专家担心它们可能会大量"屠杀"我国本土鱼类。此外，不断有报道说由于贸易或旅客无意中携带入境的一些动植物带有病虫害，如根结线虫、剑线虫、美洲斑潜蝇等虫害，会对生态环境、农业生产造成灾害，入境的病菌则会对人类健康造成多方面危害。

据不完全统计，目前我国有外来杂草 107 种，主要外来害虫 32 种，主要外来病原菌 23 种。其中仅 11 种新近传入的农林业病虫草害造成的经济损失，估计平均每年高达 574 亿元。

这些新的情况告诉我们，人类对于动物界的破坏不仅没有停止缓解的迹象，反而呈现出越来越多的新情况、新问题。人类在进化之路上，生存方式在不断地演化，但是这种演化是否是自然的，是否符合自然规律，是否对于人类的未来是适当的呢？

也许我们已经做了太多的理性思考，那么让我们休息一下，来欣赏一首小诗。我国一位诗人在他的作品中写道："人类的文明没有放弃这片土地，无论他们的肤色如何，眼中都发出贪婪的绿光，雪地里不仅是牛羊的脚印，偷猎者的越野车辙出繁复的轮迹，雪豹逃往密林深处，苍鹰飞向云端，成群惨死的是藏羚和它们的孩子，让人回想起战争中的万人坑，雅鲁藏布江里奔腾的不再是传说，而是藏羚的血和人类的罪恶，青青的草原日渐憔悴，布达拉宫在阳光下闪着泪光。"这是一首在大诗人们来看最难入法眼的门外作品，但是发自内心的呼喊和最质朴的呼吁，让我们所有人动容。的确，人类对于动物的伤害，让人罄竹难书。但是好在我们之中还有更多的清醒着的同类，他们看到了人与动物和谐相处的未来，他们为了那些未来而持续做着琐碎的事情。

让我们看看觉醒的人们是如何赎罪的：

2003 年 1 月，欧盟理事会提出，欧盟成员国从欧盟外进口动物和动物产品之前，应该将动物的福利作为考虑因素。乌克兰曾有一批猪，就因连续运输了 60 多个小时，被法国拒收，理由是中途未按规定时间让猪休息。这消息听起来让人啼笑皆非，那是因为我们根本没有从动物的角度考虑过，如果有一天人类成为其他高等动物的餐桌之物，你就会充分考虑到猪的痛苦。

现在看来，发展程度远远高于我们的西方国家，那里的人们保护动物的意识很强烈，当然这也是与他们发展的阶段分不开的。在欧洲，如果你食用野生动物，将被看作野蛮的表现而遭到斥责；如果你穿着动物的皮毛，更不会被看作时尚，而被称为乡巴佬；如果 2009 年发生在中国汉中的打狗事件出现在那里，我想打狗的人很可能被告上法庭，惹上牢狱之灾。可能很多读者读到这里，已经迫不接待地想询问：我能为动物保护做些什么？其实，动物保护不是什么光辉而神圣的大事业，非要到广场上用高音喇叭大声喊叫，非要拿起武器去与非动物保护主义者火拼。动物保护，就在我们日常的生活中。下面，就让我们来看看，你能为动物们做的几件事：

（1）请在脑海中深深记得"动物是人类的朋友"这句话。

有的读者对此嗤之以鼻，认为这样的引导实在太学术化了，需要的是真真正正为动物们的生存大干一场。那么，刚才关于因为猪站得累而被拒收的故事中，你笑了吗？如果笑了，那么还是请你跟我们一起，先学会在意识中树立起人与动物平等的价值观吧。

我们从那些违法捕猎者的自述中可以读到，他们中的大多数，就是因为认为人是地球的主宰，所以人类可以为了自己的生存和发展而随意向动物索取。他们完全没有意识到，人类与动物是平等的，人与动物是共生共存的关系，没有动物的支撑，人类不可能生存。如果你还没有意识到这些，那

可爱的幼狐

么请你记住这样几句话："其一，动物是人类的朋友；其二，动物为人类的发展和社会的进步做出了贡献；其三，动物是整个自然界中生物链的一环。"自从宇宙诞生了地球，生命从无到有，地球母亲经过了千千万万个日日夜夜才得以诞生，今天活着的每个物种应该说都是从远古走来。经过一个多么艰难漫长的过程，才有了今天色彩斑斓、缤纷多呈的美丽世界。从这个意义上讲，每个生物能够拥有一份可爱的生命都应感到幸运和幸福。动物和人类一样，拥有享受自然的权利，与此同时动物为了人类的世界，可谓鞠躬尽瘁了，对于这样一群朋友，你忍心继续伤害它们吗？

（2）请远离动物的家园，让它们享受自己的生活。

目前，为了保护动物的生存环境，最有效的方法之一就是建立各类自然保护区，其功能区域分为实验区、缓冲区和核心区。核心区是保护的核心地带，是各种原生性生态系统保存最完好的地方，是动植物最后的庇护所。因此，这个区域严禁任何采伐、狩猎和浏览活动，以保持其生物的多样性尽量不受人为干扰。

实际上，核心区起着物种的遗传基因库作用。据统计，我国的各类自然保护区现有1146个，这些保护区像一个个庞大的保护罩，将某个地区的生态环境保护起来，免于人类的干扰。但是，保护区由于自身发展的需要，很多都向社会开放，每年吸引大量的游客前往进行生态旅游。生态旅游，给孩子们亲近自然、了解动物的机会当然好。可惜的是，相当多的游客由于缺乏基本的动物保护观念，在旅游过程中不自觉地影响到了自然保护区的环境，对生态产生了负面作用。更为可恶的是，由于不文明的旅游活动，我国有22%的自然保护区遭到生境破坏的压力，它们有的打着开发的旗号在自然保护区乱砍滥挖，有的打着旅游的气候在自然保护区内肆意侵害动物权利，让人愤恨不已。

所以，如果你愿意加入保护动物、亲近自然的行列中来，我们欢迎你到各个自然保护区去参观旅游，到时请你远离动物生存的核心区域，那里是动物最后的家园。此外，我们建议读者在旅游中自觉地维护自然保护区的环境，并且对不文明举动予以制止。

（3）请高抬贵"嘴"，放它们一条生路。

其实很多人是热爱自然、愿意善待动物的，但是每每遇到餐桌上的保护动物，他们往往以"只此一次"安慰自己，和那些杀害保护动物的人们同流合污，或者独善其身，自己是热爱动物的人，所以对于餐桌上的动物绝不动手，但是也不制止别人。久而久之，这样的行为成为了一种潜移默化，影响了我们身边的人，影响了我们的后代。大家都觉得，吃一次尝尝鲜没关系，于是十几亿人每人尝尝鲜，足以吃光地球；大家都觉得别人吃我管不着，所以所有的"别人"也可以肆无忌惮地举着鳄鱼肉和烧烤白鳍豚大快朵颐。若你爱动物，就请你首先尊重它们的生存权。对于那些即将灭绝的，即将成为博物馆陈列品的动物，更请大家负起责任来，杜绝将那些将珍稀动物作为食材的做法，不要再让动物们生存在凄惨的血泪中。

我们可以做的细小的事情还很多，例如我们减少喂食动物园中动物的举动，使得他们健康生长；我们劝说那些禁锢动物的人还动物以自由；我们在生活中减少对那些危害动物举动的漠视等等。其实生活中还有很多的事情可以做，这些事情如涓涓溪流一样汇集成大海，为人类和动物们和谐共处撑起一片蓝天。

绿色旋律——植物

　　绿色的旋律在自由的转体中如天籁触动心弦，能够倾听是一种美德，而创造一个倾听的美好世界更是人类的终极梦想。当我们迎着朝霞沐浴在万般鲜美的空气中，得到生命的动力；当我们徜徉在千姿百态的植物世界中，得到心灵的小憩。我们可曾在脑际的最深处，为可爱的植物伙伴们留下一席之地。

无声胜有声：最值得信赖的朋友

　　绿色一直是作为生命绽放的主旋律，闭上眼深呼吸，郁郁葱葱的植物构成了地球的天然"氧吧"。植物在进行光合作用时吸收二氧化碳，产生氧气。氧气在太阳紫外线的照射下，形成臭氧层，为地球生命撑开了巨大的"保护伞"，使生命得以延续。植物又是"吸尘器"和空气"清新剂"，在释放氧气的同时还吸收了大量有害气体，净化了空气。就这样，天然"氧吧"滋润着地球上形形色色的生命。

　　地球本来并没有氧气，原始生命在缺氧的条件下，只能进行无氧呼吸，艰难地生活着。经过漫长的进化，能进行光合作用的生物——植物终于出现了，尤其是高等的蕨类植物和种子植物出现以后，生成氧气的速度大大加快了。植物是生物界中的一大类，一般有叶绿素，没有神经，没有感觉。分藻类、菌类、蕨类、苔藓植物和种子植物，种子植物又分为裸子植物和被子植物，共有30多万种。

距今 25 亿年（元古代），地球史上最早出现的植物属于菌类和藻类，其后藻类一度非常繁盛。直到 4.38 亿年前，绿藻摆脱了水域环境的束缚，首次登陆大地，进化为蕨类植物，为大地首次添上绿装。3.6 亿万年前（石炭纪），蕨类植物绝种，代之而起是石松类、楔叶类、真蕨类和种子蕨类，形成沼泽森林。古生代盛产的主要植物于 2.48 亿年前几乎全部灭绝，而裸子植物开始兴起，进化出花粉管，并完全摆脱对植物具有光合作用的能力——就是说它可以借助光能及动物体内所不具备的叶绿素，利用水、矿物质和二氧化碳生产食物。释放氧气后，剩下葡萄糖——含有丰富能量的物质，作为植物细胞的组成部分。植物细胞有明显的细胞壁和细胞核，其细胞壁由葡萄糖聚合物——纤维素构成。

所有植物的祖先都是单细胞非光合生物，它们吞食了光合细菌，二者形成一种互利关系。光合细菌生存在植物细胞内（即所谓的内共生现象）。最后细菌蜕变成叶绿体，它是一种在所有植物体内都存在却不能独立生存

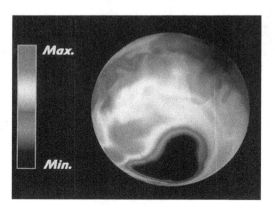

南极洲上空臭氧空洞

的细胞器。植物通常是不运动的，因为它们不需要寻找食物。大多数植物都属于被子植物，是有花植物，其中还包括多种树木。植物不断释放氧气，这一天然"氧吧"使大气中氧气含量增多。在强烈的阳光照射下，一些氧气转化为由三个氧原子组成的臭氧。这些臭氧越积越多，在离地面 25 千米的高空形成了臭氧层，在那里臭氧的浓度可达到 8/1000000 ~ 10/1000000。

臭氧层像一把硕大的阳伞，将太阳光中99%的高能紫外线挡在外面，保护了地球生命。如果没有臭氧层，所有的紫外线全部照射到地面，此时太阳晒焦一棵树的速度，比夏季时的烈日还要快50倍。因此只要几分钟的时间，地球上的树木将全部烤焦，所有的飞禽走兽也都逃脱不了死亡的厄运。

然而，南极上空的臭氧空洞从1986年发现至今，已经越来越大了。科学家发现，由于人类在生产、生活中广泛使用氟氯烷，使高层大气中飘浮这类化合物。在太阳紫外线的照射下，氟氯烷分解放出氯原子，氯原子能快速吞噬臭氧分子，一个氯原子能和10万个臭氧分子发生连锁反应。怎样才能控制臭氧空洞的扩大，甚至将空洞弥合呢？一方面我们应该控制使用氟氯烷，另一方面还需要植物这一天然"氧吧"的帮助，因为植物能吸收各种有害气体，氟氯烷经过森林后浓度会大大降低。科学家还提出，从陆地向高空发射功率强大的激光，使氯原子通过吸收电子转变成带负电的氯离子，由于臭氧分子也带负电，两者相斥，从而大大减少氟氯烷对臭氧的破坏。

沙枣

植物构成了自然界中的天然氧吧。这个天然氧吧不仅生产出氧气，还能吸收尘土和各种有害气体，从而使空气更干净、清新。森林树木的叶片组成浓度的树冠，对烟灰粉尘有明显的阻挡、过滤和吸附作用，是名副其实的天然吸尘器。当带有粉尘的气流经过森林或林带时，由于茂密的枝叶减低了风速，空气中的大部分灰尘只好落到地面，使空气中的含尘量大大减少。一场雨水之后，将灰尘淋洗到地面，树叶又恢复"吸"尘能力，不断地净化空气。朴树、木槿等叶面粗糙；榆树叶面多皱纹；沙枣叶面多绒毛；女贞、大叶黄杨叶片硬挺，风吹不易抖动，它们的"吸"尘能力都比较强。所有的森林树木都有吸尘的作用，但是吸尘的效率和树种、种植密度等都有关系。一般说来，阔叶树比针叶树吸尘能力强。例如每公顷云杉林每年可吸尘 32 吨，松树林可吸尘 36.4 吨，山毛榉林可吸尘 68 吨。在大城市里，大量的机动车辆不断排出废气，扬起灰尘，消耗氧气。然而，一旦有了森林，情况将会得到改善。植物是天然的空气净化器，在太阳的照射下它们能吸收二氧化碳，放出新鲜氧气。有人做过统计，每公顷面积的绿化区每天能吸收 8 千克二氧化碳，这等于 200 个人呼出的二氧化碳的数量。而每公顷的柳杉林，每个月能吸收 40～60 千克的二氧化碳。

许多植物还是抗污染的高手。譬如夹竹桃在二氧化硫、氟化氢、氯气等污染气体中仍能正常地生长，并吸收有毒气体。据测定，在二氧化硫污染时，其叶片含硫量比未污染时高 7 倍，在氯气污染时，叶片含氯量比未污染时高 4 倍。在距离污染源 40～500 米的地

夹竹桃

方，每公顷刺槐还可以吸收 3.4 千克的氯气。虽然我们在人工的氧吧能呼吸到氧气，但这种氧气是"干巴巴"的，丝毫没有清新感觉。而大自然中天然氧吧——植物则是一贴空气清新剂，它使空气更为清新，并且还有杀菌功能。森林——这一天然氧吧，还能产生大量有利于人体健康的负离子。这种负离子有"空气维生素"之称。空气中的负离子能抑制人体内的自由基的形成。一般在香烟、烟油和烟雾中都含有高浓度的自由基，吸烟时就会摄入大量的自由基，从而加快体内的氧化和过氧化过程，导致人体衰老。

植物还能起降温、消声、增湿作用。因为植物是天然的冷却器，它们

能够庇荫地面，反射和吸收大量的热量，降低周围环境的温度。当地面上被烈日晒到35℃时，树荫下的温度却只有22℃左右，森林还能增加空气的湿度。每公顷森林在生长旺季每天蒸发到空气中的水分比同纬度的海面的蒸发量还要大50%。我们在森林中散步，会呼吸到新鲜的氧气和大量负离子，此时感到空气非常清新。由于种类繁多的细菌散布在广阔的大气层中，空气中通常含有37种杆菌、26种球菌、20种丝状菌和7种芽生菌以及各种病毒，给人们身心健康带来很大威胁。城市空气每立方米带菌几百万个，而在大森林里则只有55个。因此，森林具有明显的杀菌作用。

很多植物能分泌杀菌素，杀死周围的病菌，森林植物的叶、花、芽、根等部分能分泌杀菌素，大部分以挥发性状态存在。松树、圆柏、云杉、桦木、山杨、椴树等，都有这种特性。杀菌素是具有强烈气味的芳香性物质，如丁香酚、肉桂油、柠檬油等，可把空气中的球菌、杆菌、丝状菌等多种细菌杀死。此外，对原生动物和真菌也有很大的杀伤力。譬如，桉树的分泌物能杀死结核菌和肺炎菌。据测定，1公顷的榉树、桧柏树、杨树、槐树等树林，或2公顷的樟树林，在一昼夜能分泌出30千克杀菌素，足以肃清一个小城市空气中的细菌。柏树、桦树的叶片也能分泌一种杀菌素，可杀死空气中的白喉、肺结核、伤寒、痢疾等病原菌。漫步在大森林中，我们沐浴在大自然"氧吧"中，身心会感到异常的舒适。植物这个天然氧吧，真是神奇的空气清新剂。

我们实在太功利了，只注意到了植物作为我们"消耗品"的一面，而完全忘记了植物其实更多的是"艺术品"。植物的美，很早就存在于人类对自然的各种感叹中，在那里，它们是"绿叶分素权，芳菲菲兮袭余"的柔美，它们是"咬定青山不放松，立根原在破岩中"的硬朗，是"红豆生南国，春来发几枝"的轻巧，是"墙角数枝梅，凌寒独自开"的冷冽，是"醉抹醒涂总是春，百花枝上缀精神"的绚

冬梅

烂，又是"苍苍芳草色，含露对青春"的青涩，它们既有"昔闻兰叶据龙图，复道兰林引凤雏"的霸气，又有"鸿归燕去紫茎歇，露往霜来绿叶枯"的平凡。植物就是这样，长期游弋于我们视野中，诗意地静静生活，优雅地守着泥土守着水分，守着丰腴的大地。植物王国的美可谓姿态万千、韵味无穷。

同时，植物美也是山水风景美的主要组成部分。古人说"以草木为毛发"、"山之态在树"，就是指树对山形、山态的影响。植物美不仅山水风景披上锦绣，更以其勃勃的生命力给大自然增添了无限的生机。植物给予人类的美感，是千姿百态、斑斓万千的，有的以花或叶的形态迷人；有的以枝干的姿态取胜；有的花、叶、茎相互衬托，形成整体的美。

当然，植物除却给予我们视觉美，还给予我们味觉的美，植物发出的清音，使它们的美丽更锦上添花，气味的美是植物的得天独厚的优势，不单大多数植物的花朵芳香袭人，令人陶醉；有些树木，如樟树、楠木、檀香树等，其木质亦能散发沁人心脾的幽香。

植物的美，既体现在静态的色、味中，更加体现在动态中，植物的生长过程，生根、发芽、花苞、开花的过程和状态，都引得无数诗人竞相咏叹，加上春华、夏茂、秋实、冬骨的季节变化，和风雨飘摇中的花姿树影，足以唤起所有人对于美的追求。植物的各种美态，自古以来引得人类对其灵魂的追逐，以至于各种植物被用来形容各种人的品质。比如莲花"出淤泥而不染"，象征人的高洁情操；木棉枝干挺拔、花红似火，如巨人披锦，而被称为"英雄树"；梅、兰、竹、菊皆"清华其外，不趋炎热"，而被誉为花中"四君子"。

莲花

总而言之，植物是人类物质世界赖以生存的伙伴，更是精神世界的良师益友。

巧夺天工：植物志怪谈

《晏子春秋·杂下之十》有云："婴闻之：橘生淮南则为橘，生于淮北则为枳，叶徒相似，其实味不同。所以然者何？水土异也。"在生物进化的长河中，怎样体现物种的多样性呢？"橘生淮南为橘，生于淮北为枳"，说明自然环境给予物种的影响是决定性的，物种只能生存在适合自己的环境下。植物们对于地理、气候、水质、土壤、生物链的依赖性，比之于人类和动物都要强烈。所以，地球上千奇百怪的地理条件、地质条件、天气条件、生态系统等，也造就了植物世界的多样，甚至怪异。"物虽非伪，而种则殊矣。"下面就让我们为你挑出这斑斓世界中的明星们，让你一饱眼福。

维纳斯捕蝇草

这真是一个美丽且奇特的名字。据说，这个名字来源于希腊神话当中的海洋女神狄俄涅，她与宙斯生下了维纳斯女神。而捕蝇草的英文名直译过来就是"维纳斯的苍蝇拍"。花如其名，维纳斯捕蝇草确实相当地奇特，因为它是一种最著名的肉食植物，一旦有物体碰到捕蝇草，叶片会自动收拢并将外来物体包夹于其中，合拢时间还不到 1 秒。捕蝇草虽然能捕捉昆虫，但是它能进行光合作用制造有机养料，所以属于植物。下面，我们就来详细介绍一下有关维纳斯捕蝇草的情况：

捕蝇草属于维管植物的一种，拥有完整的根、茎、叶、花朵和种子。它的根比较短并且不发达，主要的功能是吸取水分。茎也比一般植物短小，连接叶柄并不明显。除了花茎外，一般不会有向上生长的较高大的部分，不过在生长过程之中地下会发育出鳞茎，鳞茎属于演化过的一种变态茎。它的叶片是最主要并且明显的部位，主要由两部分组成，下部靠近茎的部分楔形，上部长有一个贝壳状的捕虫夹，带有明显的刺毛，样貌好似张牙利爪的血盆大口，拥有捕食昆虫的功能。捕蝇草的叶片有两种形态，夏天的叶片下部细长，并向空中伸展，其他季节的叶片下部又短又宽，并贴于地面。花为白色伞状花序，蒴果卵形，成熟时开裂散出黑色水滴状种子。

捕蝇草在夏天时会开出白色花朵，初期的时候会生长出花茎，每个花茎拥有大概5~10个花苞，每日依序开出白色的花朵。一般来说每株花会开出1个花茎，如果生长的环境和养分充足的话，有时候也会生长出2个花茎。一般正常状况下大都为5片花瓣和五花萼，偶尔也会有6片花瓣的变异株，雄蕊有10多根，中央会有1根雌芯，拥有分叉状的柱头。

维纳斯捕蝇草分布的地理范围十分狭小，它们仅存于美国的南卡罗莱纳州东南方的海岸平原及北卡罗来纳州的东北角。这里的气候温暖而潮湿，在夏季，白天炎热，晚上也还能保持温暖，冬季则很冷，但并不至于冷到经常降雪。它们一般生长在潮湿的砂质或泥炭的湿地或沼泽地，因为这些地区通常呈现草原的形态，地方比较开阔，日照比较充足。但是现在，捕蝇草在生存上却受到人类活动的威胁。人口快速增加剥夺了捕蝇草的生存空间，而且因为人为干预自然野火的发生，使得这些地区开始长出一些小型灌木，因而遮蔽捕蝇草的阳光。因此，捕蝇草被试着引入其他地区进行复育，像新泽西州和加州。在佛罗里达州已顺利归化，而成为很大的族群。

维纳斯捕蝇草

在冬季时，气温若达到10℃以下，捕蝇草会进入休眠。休眠时大多数的叶片会枯萎，只剩下很少的小叶片。不过，在热带及亚热带地区（我国台湾地区）的冬季通常不够冷、不够长，捕蝇草不会完全休眠。若捕蝇草在数年之中都没有休眠，则很可能会导致死亡。进入夏天，在强烈的日照刺激下，捕蝇草夹子内部的颜色慢慢转红，慢慢张开它的"血盆大口"，这个时期的夹子通常是最大也是数量最多的！接着，秋意渐浓，夹子不像春夏一样向天空伸展，大部分转为平铺在地上的形态。日夜温差变大，刺激了夹子内部的腺体颜色变红。

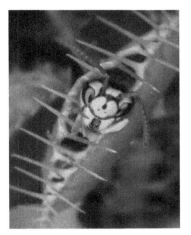

捕蝇草的捕虫过程大概是所有食虫植物之中最为奇特，也是最为复杂的。捕蝇草的捕食构造是由一左一右对称的叶片所形成的夹子，捕虫夹上的外缘排列着刺状的毛，乍看之下很锐利，会刺人，但其实这些毛很软。这些毛的功能是用来防止被捕的昆虫逃脱。捕虫的讯号并非直接由感觉毛所提供。在感觉毛的基部有一个膨大的部分，里面含有一群感觉细胞。感觉毛的作用有如杠杆，昆虫推动了感觉毛，使得感觉毛压迫感觉细胞，感觉细胞便会发出一股微弱的电流，去通告捕虫器上所有的细胞。由于电流会四散向整个捕虫夹，所以引发闭合并不需要触碰同一根感觉毛，只要在同一捕虫夹中任两根感觉毛发出电流，便能引发闭合运动。当然，感觉毛所发出的电流仅影响其所在的捕虫夹，不会干扰到同一植株上其他捕虫夹的运作。在捕虫器受到刺激之前，捕虫夹呈60度角张开着，当受到第一次的刺激时，此时昆虫只是稍微走入捕虫器；若捕虫器现在就闭起来，只不过夹住昆虫的一部分，那么昆虫能够逃脱的机会便很大。当捕虫器受到第二次刺激时，此时昆虫差不多也走到捕虫器的里面，这时闭起的捕虫器便能将昆虫确实地抓住，关在捕虫器之中。

大花草

人们常用"芳草香花"等句子来赞美自然界的花草树木，然而，在苏门答腊的热带森林里，生长着一种十分奇特的植物，它的名字叫大花草。它不但是世界上最大的花，还是世界上最臭的花，散发着腐烂尸体的臭味。除此之外，它还有很多别的名字：阿诺德大王花、大王花、腐尸花、莱佛士亚花。

大花草是双子叶植物纲蔷薇亚纲大花草科大花草属的一种，产于马来群岛。一般直径 1 米左右，最大的直径可达 1.4 米，质量最重可达 25 磅，也就是 10 千克。它一生中只开一朵花，花也特别大，它是世界上最大的花，因此又叫它"大王花"。这种花有 5 片又大又厚的花瓣，整个花冠呈鲜红色，上面有点点白斑，每片长约 30 厘米，仅花瓣就有 6 ~ 7 千克重，因此看上去绚丽而又壮观。花心像个面盆，可以盛 7 ~ 8 千克水，是世界"花王"。这种植物不仅花朵巨大，还有个奇特的地方就是，它的花是散发臭味的，花刚开的时候，有一点儿香味，不到几天就臭不可闻。

大花草

在自然界里香花能招引昆虫传粉，像大花草那样的臭花也同样能引诱某些蝇类和甲虫为它传粉，因此可以吸引逐臭昆虫来为它传粉。最令人惊讶的是，大花草却无根无茎无叶，而是寄生在葡萄科爬岩藤属植物的根或茎的下部。

罗马花椰菜

罗马花椰菜发现于 16 世纪的意大利罗马，它是一种可食用花椰菜。因其独特的外形，已经成为著名的几何模型。因为某种特定的原因，罗马花椰菜以一种特定的指数式螺旋结构生长，而且所有部位都是相似体，这与某些复杂的设计模型中所用的数学原理如出一辙，因此吸引了无数的数学家和物理学家加以研究。

罗马花椰菜植株生长旺盛，开展度 60 厘米，株高 70 厘米，短缩茎高 30 厘米。叶狭长，叶数约 20 片。花球着生在短缩茎顶端，花球绿黄色，圆锥形，似宝塔。每个花球由 200 多个圆锥形的小花球呈螺旋状紧密排列而成，花球紧实、美观。直径为 20 ~ 25 厘米，高 17 ~ 21 厘米，单花球重 1 千克左右，也可将单个小花球分期采收。花球品质好，质地细嫩，维生素 C 含量较一般花椰菜高 40%。耐寒及抗病性强。

罗马花椰菜除了食用之外，也是很好的观赏性植物，因为每个花球由 200 多个圆锥形的小花球呈螺旋状紧密排列而成，花球紧实、美观。正因为罗马花椰菜规则和神奇的形状，它才被评为十大最神奇植物之首。

罗马花椰菜

面包树

面包树是非洲许多地区常见的一种树木，在拉丁美洲、南太平洋岛国，甚至我国的海南省也有这种树木。常绿乔木，一般高 10 多米，最高可达 40 多米。树干粗壮，枝叶茂盛，叶大而美，一叶三色。植株含白色乳汁，具板根，外形浑厚；在幼木时，板根并不明显，随树木长高长粗，板状的根就逐渐阔展形成。单叶互生，革质，呈阔卵形，叶端尖，基部呈心形，叶片极大，长 30~90 厘米，叶表为墨绿色富光泽，为 3~9 羽状深裂或全缘，叶脉明显；为单性花，雌雄同株，雄花先开，花小型，花序呈棍棒状，腋生，长 25~40 厘米，雌花序呈

面包树

球形；聚合果外表布满颗粒状突尖，直径可达 20 厘米，成熟时为黄色。雌雄同株，雌花丛集成球形，雄花集成穗状。在它的枝条上、树干上直到根部，都能结果。每个果实是由一个花序形成的聚花果，果肉充实，味道香甜，营养很丰富，含有大量的淀粉和丰富的维生素 A、维生素 B 及少量的蛋白质和脂肪。人们从树上摘下成熟的面包果，放在火上烘烤到黄色时，就可食用。

"面包树"原产于南太平洋一些岛屿国家。在巴西、印度、斯里兰卡等国家和非洲热带地区均有种植。我国的广东和台湾等地都有种植。面包树

是一种木本粮食植物，也可供观赏。肉质的果富含淀粉，烧烤后可食用，味如面包，适合为行道树、庭园树木栽植。面包树为什么叫面包树？这种烤制的面包果，松软可口，酸中有甜，风味和面包差不多，故称之为"面包树"。结果的时间一年内有 9 个月。台湾东部的阿美人及兰屿岛上的达悟人都会取食面包树的果实，阿美人在果实快要成熟时，摘下来去皮水煮食用，此外还会将白色乳汁拿给小孩子当成像口香糖一样咀嚼。有人开玩笑说，这里的男人，只要花 1 个小时种下 12 棵面包树，就算完成了对下一代的责任。因为 12 棵面包树结的果实，足够一个人吃上一整年。

面包树有着非常顽强的生命力。非洲大部分地区气候炎热，每年分旱季雨季。当旱季来临，为了减少水分蒸发，它会迅速落光身上的叶子，整棵树就像枯死一样。等雨季来临，便依靠自身松软的木质，四下铺展的树根，拼命地吸水贮存于树干根系之内。在漫长的旱季里，便成了

面包树果实

当地人理想的水源，为干渴的人们提供救命之水，因此它还被誉为"生命之树"。面包树还是有名的长寿树，即使在干旱的恶劣环境中，其寿命仍可达 4000～5000 年。

面包树浑身是宝。其鲜嫩的树叶是当地人十分喜爱的蔬菜，果肉可以食用或制作果酱和酿酒，种子含油量高达 15%，榨出的油呈淡黄色，是上等的食用油。果实、叶子以及树皮可以入药，具有养胃利胆、清热消肿、止血止泻的功效，并且可以用来治疗疟疾。树皮剥下来可以制作绳子和织布，也可作为造纸原料。而用面包树建的房子，可以住上 50 年。

难愈的伤痕：人类对植物界的破坏

绿色是地球独有的旋律，绿色是人类的希望和共同财富。追求健康必须拥抱绿色，热爱生命必须珍爱绿色，欣赏绿色必须保护绿色，享受绿色必须创造绿色。植物是自然生态系统中的一个主体。它能把太阳能转化为化学能并加以储存，是人类与其他生物赖以生存的物质基础。植物在维护地球的生态环境和物质循环中有着重大作用。

植物是人与动物食物最根本的来源，能起到净化空气与水体的重要作用，一旦破坏，某物种减少或灭亡，会造成生物界某条食物链断裂，更多相关联的物种生存困难甚至也随着灭绝。全球环境也会恶化，二氧化碳增多，空气中一些成分无法得到平衡，氧气量也会减少，很多动物无法生存下去。

由于生态平衡破坏，地球上的一抹抹绿色一直在遭受着各式各样的破坏，使得大地由一幅清新宜人的绿色山水画，变成了一块块各种颜色汇成的大杂烩。然而，植物界遭到侵害，人类得到的报应绝不仅仅是美感的丧失，破坏植被，招致了水土流失，产生沙尘暴，使土地沙漠化，自然灾害增多，如此则会从对人类的隐形影响转化为显性影响。如果再加上植物减少引起的气候变化，人们生活方方面面都会受到影响。此外，植物物种的消失也会对整个生态系统产生关联，从而引发更多问题，比如引起动物物种的减少，引起一些致命疾病等等。

在自然界，一个植物物种的形成需要100万年左右，但人类的不当行为活动有可能使一个物种在短短的几年内就濒于灭绝，而一旦全球一半以上的植物物种真的灭绝，那么地球要恢复物种多样性，至少需要1000万年。很多失去的东西是无可挽回的。那些绚烂的花朵，是一个个美丽的音符，洒落在山野中，静静地绽放。野蔷薇多刺的枝头上，开满黄的、粉的、白的、红的花儿，散发着幽幽的清香，弥漫在我们前行的林间小径上。饱满的浆果，紫色的马兰花，碧绿的苔藓，还有石边刚刚探出小脑袋的蘑菇，无法想象当我们失去这些美好时，等待着我们的是怎样的灭顶之灾。大脑似乎频繁开始供氧不足，精神在欲望丰富中越加匮乏自我，一种实用主义理念萌生甚至运用到了生活中的每一个角落，仓促而奔波中一切成为了工具而不是情感更不是信仰。

长久以来，人类无计划无节制地向自然界索取植物资源，对生态的破坏，导致许多植物失去了赖以生存的自然环境而处于濒临绝灭的状况，有些甚至已经灭绝。我国的濒危植物种类在不断增加，被列为最濒危野生植物的存在数量仅10株以下。植物研究者称，物种的绝灭和新物种的形成是一个自然的演化过程，由于地球环境的变迁，一些物种无法适应新的环境而灭绝，同时形成一些适应新环境的新物种。植物的生存作为生物多样性、生态系统中不可或缺的环节，却一直受制于内忧外患的压力。无声无息中，大批植物正走向濒危的状态。很多人也许会问，我们身边的植物没有减少，反而有很多的人开始在家中养植物，并支持建立城市花园。我们的视野，不能仅仅放在我们身边的几株小型绿色植物上。让我们来看看，人类对于自然界植物的破坏已经到了什么样的地步。

鄂尔多斯草原

我们印象中，中国版图上最大的一抹绿色在哪里？莫过于内蒙古的大草原了。但是由于过度放牧和资源利用，内蒙古草原退化严重，已经到了惊人的程度。2000年5月来自内蒙古的一则消息即可说明草原退化的严重程度：内蒙古可利用草地面积为6359万多公顷。可利用草地面积中，目前退化草地面积已达3867万公顷，占可利用草原的60%。素以水草丰美著称的全国重点牧区呼伦贝尔草原和锡林郭勒草原，退化面积分别达23%和41%，鄂尔多斯草原的退化最为严重，面积达68%以上。内蒙古乃至世界上最为典型的草甸草原东乌珠穆沁旗，草场退化面积已占全旗可利用草场的66%以上。以荒漠草原为代表的阿拉善盟和伊克昭盟，草原退化、沙化之势更为严峻。与20世纪50年代相比，阿拉善左旗的草地覆盖度降低了30%～50%，目前荒漠和半荒漠已占到了这个旗草地的96.9%。

我国古代的黄土高原曾经是美丽富饶的地方，商朝时黄河流域的森林覆盖率曾高达50%以上。但是，经过几千年来掠夺式的开发，大自然给予了无情的报复。现在，黄土高原的水土流失地区到处是荒山秃岭、沟壑纵横。黄河——中华民族的"母亲河"，竟成为世界上泥沙含量最多的河流。

　　长期以来，由于人类人口的急剧增长和经济的高速发展，人类生产和生活对植物生存的环境造成的破坏日益严重，出现了空前的危机。森林、草原和野生植物等自然资源遭到破坏，由此引发了整个生态环境系统的恶化。生态环境的日益恶劣，使得植物们赖以生存的空间变得狭小、肮脏，于是，一个个植物物种犹如电影片段一样在我们眼前滑过，有些濒临灭绝，有些则永远地消失在历史的空间中，让我们悔之晚矣！

野生兰花的哀鸣

　　兰花是世界名花，古代常称为"蕙"，是珍贵的观赏植物，绿化景观的重要部分，古人在各种诗句和歌声中都表达了对兰花的热爱。兰花，更是被人们比作谦谦君子。的确，我们的住所中好像保有着一盆盆的兰花，貌似数量并不少，但是野生兰花却是自然界极为珍贵的品

种，不仅仅为人类提供美的享受，更重要的是，兰花是当地生物链中的一个部分，兰花的消失，将对当地生态系统造成损失。不幸的是，很多人并没有意识到。

　　野生兰花遭到了毁灭性的打击，时间从1980年开始，到21世纪初期的一个长期过程中，中国野生兰花遭受了三次大规模的乱采滥挖狂潮，兰花们如同手无寸铁的孩子，在人类黑手的面前，成千上万的兰花被连根拔起，和着当地的泥土背井离乡，有的就此离开了这个世界。这次破坏涉及兰花分布的所有省份。随后，在野生兰花自然分布区内，除一些交通极为不便的偏远地区外已很难觅其踪影。比如兜兰，它是《濒危野生动植物种国际

兜兰

贸易公约》中的物种，严禁国际贸易，然而我国野生兜兰有18种几乎全部流失到国外。外商因收购麻栗坡兜兰，把云南文山地区的所有兜兰几乎毁灭殆尽。

更为可怕的是，人们并没有从前几次对兰花的迫害中苏醒过来，开始对兰花进行保护，反而开始了第四次破坏野生兰花资源冲击波，据说非常猖獗。这次破坏比前三次更厉害。首先这次破坏冲击波所在区域遍及全国，涉及面超过了以往任何一次；第二是涉及的种类既有主流种类，如春兰，也有非主流种类，如寒兰、蕙兰；第三是影响的方式和程度多样化，既有兰花专业人士参与的大规模破坏行动，也有当地居民自发的小规模破坏行为，还有处在发生破坏行为准备阶段的勘察行为；第四，这次破坏兰花生存环境的方式可以用残忍来形容，他们丧心病狂地挖地三尺，对兰花的领地造成了致命的摧残。

这种持续破坏没有给野生资源休养生息的机会和时间，如不及时遏制，将对我国野生兰花资源以致命打击，丧失挽救和保护的最后机会。

长苞冷杉的呼救

长苞冷杉是常绿乔木，高度最高达到 30 米，树干的直径达 1 米，树干通直，树皮暗灰色，呈不规则块状开裂；小枝密被褐色或锈褐色毛；冬芽有树脂。叶在小枝下面呈不规则两列，在小枝上面向上开展，呈线形。

长苞冷杉主要分布于横断山脉中、南部亚高山峡谷区，形态特别，是我国独有的一个植物物种。其形态独特，与分布区内多种冷杉有密切的亲缘关系，分布又彼此密集交叠，对于研究横断山区植物区系和冷杉属的分类有一定的科学价值，也是当地重要的水源涵蓄树种。

长苞冷杉

不幸的是，这种特殊的对生态系统具有重要价值的植物，在人类的发展面前变得可有可无。大量的森林过量采伐后，对喜阴的长苞冷杉幼树的光合作用和生长很不利，致使长苞冷杉的更新极为困难，因此，自然分布区日益缩减，植株越来越少而成为濒危物种。人类对自然资源的过度开发与利用，城市化建设，土地用途改变，过度采集、不可持续的农业和林业活动，环境污染，由此对生态环境造成严重破坏，导致许多植物失去了赖以生存的自然栖息环境，加快了它们走向濒临绝灭的速度。

天目木兰的悲剧

天目木兰和长苞冷杉的遭遇如出一辙，但是它们被破坏的方式却不一样，长苞冷杉是由于自身的生存环境受到了人类活动的破坏，而天目木兰则是因为自身的药用价值，成为了利欲熏心的人类又一牺牲品。

天目木兰属于木兰科，主要分布于我国的江苏（宜兴、溧阳）、安徽、浙江、江西（铅山）等地。天目木兰的形态特殊，高达 8 ~ 15 米，它的树皮灰色至灰白色，光滑；小枝带紫色；冬芽被浅黄色长柔毛。它的叶子活像是一张厚厚的宣纸，宽倒披针状长圆形或长圆形，长 10 ~ 16.5 厘米，宽 4 ~ 8 厘米，先端长渐尖或短尾尖，基部宽楔形或近圆形，它的叶柄长 0.8 ~

天目木兰

1.2 厘米，上面具沟，是我国东部中亚热带特有种。天目木兰的珍稀之处在于，它对于研究木兰科植物的分类和分部具有很高的学术价值，并且它的姿态、颜色和味道，对于观赏者来说具有很高的美学价值。但是同样不幸的是，它的花蕾具有很高的药用价值，自然而然，当地群众，或者其掮客，都将目光盯在了它们身上。每年都有大量人上山采收花蕾作药材，因而结果极少，使得林地几无幼苗，植株稀疏散生，至今未见有成片树丛。人类的各种荒唐行为，为天目木兰的生存打上了重重的问号，为这个物种的未来蒙上了一层阴影。

　　上面我们为大家展示了几种濒临灭绝的植物，它们的未来已经是不可预知，但其实，植物界还存在大量濒临灭绝的植物物种，国内外虽然对它们的生存已经做出了大量的保护工作，但无奈还是有少数利欲熏心的人类，不耻地破坏植物的生存环境，过度地享用子孙们的果实。

　　比如普陀鹅耳枥，它属于桦木科落叶乔木，属国家一级保护濒危植物种，中国特有种。20 世纪 50 年代在普陀山尚有数棵，后因开荒垦殖、成苗

普陀鹅耳枥

率不高等原因遭到破坏。普陀鹅耳枥属落叶乔木，高达 14 米，胸径 70 厘米。树皮较光，灰白色。1930 年在浙江普陀山海拔 240 米的地方发现。普陀鹅耳枥之所以远近闻名，是因为它现存仅有一株，除仅有的一株标本树外，此后未在其他地方再有发现。目前，杭州植物园已将普陀鹅耳枥试种成功。

再比如百山祖冷杉，百山祖冷杉幼树极耐阴，但生长不良。属国家一级重点保护野生植物百山祖冷杉系冷杉属植物，近年来在我国东部中亚热带首次发现。百山祖冷杉仅分布于浙江南部庆元县百山祖南坡海拔约 1700 米的丛林中，分布范围非常狭窄。由于当地群众对自然环境的破坏，及本种开花结实的周期长，天然更新能力弱。1987 年，百山祖冷杉被列为世界最濒危的 12 种植物之一。目前在自然分布区仅存林木 5 株，其中一株衰弱，一株生长不良。还有著名的膝柄木，这是一种热带树种，板根明显，露出地面的根，还能萌发出植株，生长迅速。膝柄木是国家一级保护植物，现状况濒危。膝柄木分布于东南亚的热带地区，是近年发现的热带树种，产于广西合浦，目前只存一株大树，很少开花结实。半常绿乔木，高 13 米，胸径 60 厘米；树皮黄褐色，有发达的板状根。很少开花结实。目前，膝柄木尚无保护措施，将可能遭绝灭。

百山祖冷杉

　　一个又一个触目惊心的事实告诉我们，创建绿色家园已经刻不容缓。我们的行动不能仅仅呼吁，更应该做的是从我做起，创建绿色家园。当然创建绿色家园很难，现在还不能立竿见影，但是只要坚持不懈地努力就能看到成果。只要你注意生活中的点点滴滴，就会发现原来创建绿色家园也如此简单。如果你每天都弯腰去捡地上的一张纸，你走过的路就会多一分清洁，长此以往你就会发现你的绿色家园就会建成，我们的绿色家园就会建成。所以，建设你的绿色家园是举手之劳，何乐而不为呢？如果每人都有这样高的环保意识，那么上面的事情就可能不会发生，我们就不会面临如此的生态环境了。

演奏绿色乐章：植物保护之路

亚里士多德说："我是一条河，你看到我永远在这里，但其实我已不再是我，你看到的那个我已流向远方。"这句话的意思在于，万事万物的发展都追随这历史而不可逆。所以，当我们做了令人遗憾的事情，就要想方设法补救，而不至于让错误继续发展下去。人类为了生存而对植物世界的掠夺，已经引发了各种各样的负面效应，对人类世界的明天招致了种种不安定因素。因此，我们必须寻找弥补的办法，找出人与植物和谐相处之道，才是符合客观规律和人类社会发展趋势的治本之策。

说起人类对植物的保护，首先我们不得不提到植物园，这种类似于自然保护区的保护方式，是当前最典型的对于植物世界的研究和亲近的方法，也是被证明最行之有效的植物保护"快餐"。目前，位于世界各地的植物园担负的功能和责任很多，比如对植物的调查，收集珍稀和濒危植物种类，丰富本国栽培植物的种类和品种，为生产实践服务以及发掘、采集、鉴定野生植物资源。还负责对植物引种、驯化，引进国内外重要经济植物，研究植物的生长发育、植物引种后的适应性和经济性状及遗传变异规律，总结和提高植物引种驯化的理论和方法。此外，相当多的植物园还需要建立有园林外貌和科学内容的各种展览所、馆和试验区，作为科研、科普园地。当然，植物园更为平常和根本的功能，是向民众普及植物科学知识，以及提供群众游憩的园地。

目前已知的最古老的植物园——意大利帕多瓦植物园，建于 1533 年。看来，相比动物保护区，人类的植物保护意识觉醒得更早一些。

意大利帕多瓦植物园

第一个自然保护区——美国黄石国家公园诞生于 19 世纪末期，人类对于整个生态系统的补偿由此开始。相比之下，人类对于植物生存发展的反思与行动的开始，要早很多。公元 1545 年，帕多瓦植物公园就在意大利建成，这是人类历史上典型意义上的第一个古老植物园。帕多瓦植物园建立的初衷，是为了当地的药用植物教学，专门邀请了意大利当红设计师主刀，修建了一座集植物应用研究、物种保护、观赏为一体的艺术园林。原始的核心部分修建了 10 年，它有一个圆形的围栏，内部由东西、南北方向交叉的两条道路将帕多瓦植物园分割成 4 个部分。帕多瓦植物园内种植了大约 1500 多种不同的植物。据年份来看，应该还有很多我们现在已经看不到的新鲜植物，这个园地在作为观赏园地一年之后，就迅速投入到植物药性研究和教学中，帕多瓦植物园和其他同时代的活动临床学校对现代科学思想的建立作做出了卓越贡献。

随着科学认识的不断提高，帕多瓦公园不断发展壮大并不断改变着自己的内涵。到了 1834 年，园内收集了 16000 种植物，至于这些植物中究竟包含了些什么，依现在的资料，我们很难完全估计出来。

虽然帕多瓦植物园是人类历史上第一个植物园，但值得欣慰和惊奇的是，这个古老的

帕多瓦植物园一景

园林式植物保护中心，至今仍然开放着，并且仍保留着最初的建筑风格，那里有一块象征着世界大陆的圆形土地，涓涓细流环绕而过。当然，这里又增添了一些其他设施，其中包括建筑元素（装饰过的大门和栅栏）和实物元素（修筑过的水泵和花房）。

目前帕多瓦花园正在试图保护这个地区濒危的植物。这个活动与海外的类似活动异曲同工。为了能够担负起这个新的使命和继续完成教学科研任务，帕多瓦花园的管理者和善良的植物保护者们与当局进行了斗争，并最终得到了他们想要的——植物园的扩建和扩容。的确，与保护人类的绿色朋友这项伟大事业来说，人类没有什么代价不可能付出，它不仅属于意大利，属于欧洲，更属于整个人类和大自然。

英国尼斯植物园

尼斯植物园最早的时候不叫"尼斯",并且也并不是现在我们所看到的这座环境幽雅、功能齐全的植物家园。19世纪末,英国一位棉花经纪人布尔莱在当地一片覆盖着荆豆的砂岩地上建立了自己的家园,此后他不断地从世界各地引进各种植物物种,尤其是喜马拉雅山和中国山区的植物,并且为此而组织了多次前往中国高山地区的探险。为搜寻能在英国气候下生长的高山植物和抗寒植物,他成为率先穿行远东温带地区的植物收集者,为英国引进数百种新的植物,使他的家园成为英国最主要的植物园之一。我们在这里要感谢这位先驱,如果没有他,也许相当多的植物物种,特别是我国高山山区的一些物种,就要远离我们的视野,在历史长河中灰飞烟灭了。正是布尔莱的不懈努力,为日后的尼斯植物园奠定了基础。

在布尔莱的无私奉献下,这个植物保护地在1956年对大众开放,并正式命名为"尼斯园",并于1992年更名为"利物浦大学环境与园艺研究院尼斯植物园"。如果说这个植物园与意大利古老的植物园相比有什么不同的话,那么就是它的功能区更加完备,贮存了更多更复杂的植物物种。这个植物园占地25公顷,它包含了多个功能区,让人既饱揽了绿色风采,又得到了更好亲近自然、更快认知植物世界的机会。那里的功能区主要包含:

首先是标本植物草坪,这里可谓是尼斯植物园的老底之一,因为这里在布尔莱年代,就开始向公众开放,这里有他们从各次探险中带来的高贵灌木种类,比如汤普森木兰、美丽马醉木甚至还有日本四照花,堪称植物标本之家。

其次是草本植物区。这个功能区经常会引进全新的、更富活力的长花期植物。常年展示着紫菀属植物如晚花紫菀、小白花紫菀和平滑紫菀的一些品种,当然这些植物必须更抗旱,更能适应尼斯的土壤和气候条件。

此外还有温室功能区,温室对于一个植物园来说也许并不足为奇,但是尼斯的温室可非同一般。这里的展区分为温带植物、热带植物和干燥区植物三个部分,提供了大量实例来显示出植物如何演化以适应不同的环境。温带和热带室中的植物大多为盆栽,定期更换,像鞘蕊花属、苘麻属、木槿属、金合欢属等温带特有植物，还有各种兰花、鸡蛋花属、秋海棠属等热带植物等都在这里茁壮成长，为此这个温室功能区成为了教育界的大明星，吸引了大量的师生来此亲近和认识自然。在 1964 年建立的蔷薇属植物园区内，有 19 世纪欧洲月季变种与中国变种杂交而成的娜赛特月季和波旁月季，有现代杂交品种香水月季和多花月季。绿叶青枝间托出朵朵鲜花，馨香沁人，这里是公众最喜爱的地方，漫游在突厥月季的花香中，你仿佛已经置身于梵蒂冈教皇的花园中。

我们今天介绍的，只是尼斯植物园的冰山一角，那里还有水园、杜鹃收集区、欧石南属植物园、台地园、岩石园和冬青收集区等多处功能区域，简直就是一个缩小了的地球植物家园。当然，尼斯植物园的价值并不仅仅在于它静态的为植物们提供了家园，更值得赞赏的是，它的名声下，招致了相当多具有建设性意义的各种活动和组织，比如成立于 1962 年的"尼斯植物园之友"，除了进行各种募捐活动外，也为吸引大众参与到植物保护活动中来提供了平台。

南京中山植物园

徜徉了国外著名的植物园，你也不必太过羡慕，因为我国对于植物的保护活动也很早就进入了国家和民众的视野。早在 1929 年，我国第一座国立植物园——南京中山植物园就在南京建立了。新中国成立后，这座美丽的植物之家被中国科学院植物分类研究所华东工作站接管，从此更加日益发展为一座集观赏、科研、教育于一体的植物基地。

南京中山植物园坐落在美丽的钟山风景区内，苍翠巍峨的钟山、波光激滟的前湖、古老壮观的明城墙和闻名中外的中山陵紧紧地环绕着这片植物世界，那里气候怡人，植物与山水风光一起构成了一幅让人心旷神怡的自然画卷，成为金陵四十八景之一，名为"植物阆苑"。这座中国植物的保留地中，保存植物 3000 种以上，有各种功能区 10 个，包括药用植物中心、植物信息中心、观赏植物中心、植物迁地保护重点实验室和华东地区最大的植物标本馆。更可贵的是，它不但为我们提供了亲近野生植物的机会，更提供了一个植物博物馆，拥有馆藏标本 70 万份。下面，就让我们深入这座植物大本营一探究竟。

南京中山植物园

首先让我们参观一下孢子植物区。孢子植物主要包括藻类植物、菌类植物、地衣植物、苔藓植物、蕨类植物五类，它们的生存环境需要湿度比较大，因此这个区域选址在密林中，这里光照少，并且临近水源，因此很适合孢子植物生长，这里成为了诸如凤丫蕨、蹄盖蕨、仙鹤藓、毛蕨、星蕨、绢藓、青藓等植物的天堂，也是游客亲近孢子植物的最好地方。

其次是大名鼎鼎的竹园，比起孢子植物，这里可能为更多游客所熟知，包括桂竹、乌哺鸡竹、茶杆竹、毛竹、苦竹、金镶玉竹、淡竹、鹅毛竹、菲白竹等竹类在这里变成了曲径通幽之处。

第三，让我们来看看展览温室，和国外著名的大型植物园一样，我们的南京中山植物园也有一座温室，在这座位于前湖西北部，占地面积约10000平方米的大型建筑中，收集了热带地区2000余种的植物，诸如澳洲特有的植物瓶干树、南非的拟态植物生石花等稀有植物物种被一一引种到这里。结合植物的种植，温室内部通过地形塑造、小品建筑等手段营造具有植物原产地特色的自然和人文景观，充分展现出地球上广大热带地区的美丽风情，让前来亲近自然、观赏植物的游客们身临其境。

第四，让我们进入中山植物园的镇园之宝之一——禾草园，这里以草坪和观赏草为主进行了整体造景，搜集了各种禾本科植 400 余种。建成后的"禾草园"不仅作为该所研究成果的展示基地，也将成为南京及周边地区中小学的科普基地和大专院校的实习基地。在这里，可以展示中国东部独一无二的"四季常绿、四季花开"的草坪及地被植物景观。

此外，还有水生植物的乐园——水生园，位于前湖及周边的月牙池和溪流等区域，按照植物的生长习性和应用特点分为

瓶干树

自然水生植物区、水生花卉区、水生经济植物区、湿生植物区和人工湿地生态工程展示区，面积为 2 公顷。

当然，我们的中山植物园还有城市景观植物区、岩石园、森林休闲区等功能区，前来亲近自然、观赏植物的游客们徜徉在这片属于我们自己的植物宫殿中，享受自然的呼吸，精华自己的心灵，寻求人类的精神家园。

仰望天空——大气

　　我们生活的这个自然界中，既存在着动物、植物、微生物这样的生命体，同时也存在着气象、气候等非生命物质，它们共同构成了人类赖以生存的环境。风儿清清，云儿飘飘，我们头顶上的天空上演着它们的一幕幕轻舞飞扬。

无时不在的保护衣：大气层

有句话叫："世界上最远的地方，是我在你身边而你感觉不到我！"没错，当我们躺在草地上，仰望天空的时候，发现我们经常忽视的那些风儿们距离我们那么近，我们却很少关切它们。炎热的时候，我们从日历上看到了夏天；寒冷的时候，我们在饺子里读到了冬天；我们向往"当春乃发生"的盎然，憧憬"秋高气爽"的收获喜悦。然而，我们从来没有停下脚步，静静地思考背后的细节：是什么让风雨雷电降临，是什么躲在云层的背后，是什么让北京的天气和悉尼那么地不一样，是什么在保护我们免于地球外的伤害，又是谁在一刻不停地破坏它们？本章，我们就将带领读者去领略这些常常被忽视的自然资源，解答心中的疑问。

从宇宙里观察我们的地球，除了蓝色星球的感受外，最直观的当属地球外厚厚包裹着的大气层了。地球的大气层是地球生态系统的主要支撑，在地球引力作用下，大量气体聚集在地球周围，形成数千千米的大气层。

美丽的云层

据科学家估算，

大气质量约 6000 万亿吨，大气层保护地球免受地球以外的光线（包括紫外线等射线）的伤害，与太阳一起孕育了地球上的各种气象和气候的产生。

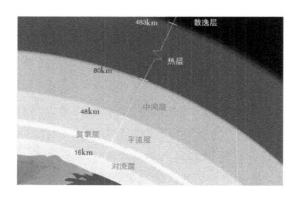

大气垂直分层

大气层内的主要成分是氮气，占 78% 以上；居第二位的气体是氧气，大约占 1/5；剩下的是氩气，还有少量的二氧化碳和稀有气体、水蒸气。大气层又被称为大气圈，厚度超过了 1000 千米，空气密度随着高度而逐渐减小，所以高度越高，空气越稀薄，科学家们根据大气的高度、成分等依据，将大气层分为对流层、平流层、中间层、电离层（热层）和外大气层。

对流层是由于上升气流和下降气流的对流运动形成的，与人类的关系最紧密，最容易被人类所感知。这是因为，对流层处于大气层的最低层，厚度是 10～20 千米，受地球影响较大，动、植物和人类都生活在这一层中，日常人类所能见到的风、雨、雪等天气现象都是发生在对流层内的。

对流层之上的一层大气，被称为"平流层"，距地表 20～50 千米，相比对流层，平流层内气流平稳，这里晴朗无云，天气变化很少，适合飞行，又被称为"同温层"，美国空军的 B–52 "同温层堡垒"轰炸机的名称，就是指大气中的这一层。平流层中的氧分子在紫外线作用下形成臭氧层，是保护地球免受太阳高能粒子直射的屏障。

平流层之上是中间层、热层以及外层大气层，大气层距离我们很远，又是那么地近在咫尺，它的所有都与人类休戚相关。它是人类维持生命的保护神。

大气层为我们提供了赖以生存的氧气，关于这一点想必所有的人都不会反对，即使再无所谓的人，也不可能无视大气层为我们的生命做出的这种贡献，我们相信任何人也不可能离开自己呼吸而生存。科学家在18世纪末，发现了大气层的主要构成氧和氮，其中氮占78%，氧占21%。氧是维持生命的气体，身体通过呼吸就可以获得所需的氧。对地上生物来说，大气层的氧气量是最适中的。要是氧气的成分骤降，我们就会变得昏昏欲睡，最后甚至失去知觉。如果氧气的成分激增，即使森林的嫩枝和青草是湿润的，也会变成高度易燃。氮不单是氧的理想稀释剂，对于维持生命，氮也担任相当重要的角色。所有生物都须要靠氮来维持生命。植物借助闪电作用和一种特别细菌而获得大气层的氮。我们则从食物汲取身体所需的氮。

除却这两种主要成分以外，二氧化碳也是我们所不可或缺的养分。大气层除了为我们的鼻子提供了练兵场以外，其实还有更重要的作用。虽然二氧化碳仅占0.03%，但如果缺少了它，植物光合作用就停止。

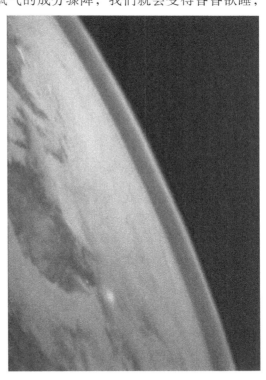

卫星拍摄的大气层图片

除了光之外，植物还需要二氧化碳才能生长，然后产生果仁、果实、蔬菜，而且二氧化碳也是贮存热能的气体，使我们的行星得以保持暖和。

大气层这个环绕地球的大气圈，高度为80千米上下，重量超过5000万亿吨。大气层在海平面的压力相当于每平方厘米1.03千克。要是没有大气压力，我们就不能生存，因为大气压力防止我们的体液蒸发。简单地说，要是没有了大气压对我们的保护，我们的血液就会沸腾，血管和器官都会破裂，最后的下场可想而知。这就是宇航员为什么会在距离大气层越来越远的地方更倚重宇航服的原因，太空中没有了大气层，不仅仅是没有了空气，更可怕的是那里没有大气压的保护。大气层除了关心我们的鼻子和血压，更加为我们提供了宝贵的"遮阳"服务，如果没有了大气层，白天我们就会跟我们的泳装和太阳镜一起变成一堆碳化物，或许可以作为雕塑放在某个地方展览。

大气层中最主要的遮阳成分是臭氧，另一种大气中的微量气体，它们把来自太阳的紫外线辐射吸收了，保护我们免受紫外线辐射所伤害。这就是为什么科学家对臭氧层空洞那么担心的缘故，试想一下，如果你的遮阳伞破了一个洞，然后是2个、3个，最后会是什么样子呢？遮阳伞可以再买一把，我们去哪里买臭氧层？超市吗？并且，大气层就像是一个储存太阳热量的怀炉，将白天为我们保存的热量散发出来，使得夜晚适合人类生存。

说起保护，不能不谈谈大气层作为一个"保护罩"的作用，赫伯特·里尔的《大气层简介》一书中告诉我们："每日进入外层大气的外太空固体物质，据估计重量共达数千吨。可是，大多数流星尚未抵达地面已在大气中碎裂。"如果没有大气层，宇宙间的那些小流星、小陨石就会隔三差五地掉进我们的后院里。没有人会喜欢在对着流星许愿的时候，发现拖曳着火焰的流星朝自己飞来。

当你拿着这本书大喊的时候，如果没有大气，你的声音将无法传播，所有的人都会变成聋哑人，那我们的世界会变成什么样？的确，大气层为我们提供了生存的养分和必要的保护，此外呢？它为人类美学的贡献恐怕要远远大于文艺复兴吧？宇航员们在几万米的高空告诉我们：大气各层的颜色令人惊叹，最低的一层是"鲜蓝带白"的对流层，距离地球表面大约16千米。接着是深蓝色的平流层，颜色逐渐加深，最后是漆黑的外太空。大气层的存在使我们能够欣赏万里碧空、茫茫白云、清新雨露以及绚烂的朝日晚霞。于是，我们的诗人和哲学家们才可以自在地仰望星空。

大自然的馈赠：气象与气象资源

如果大气层是母亲，那么各种气象真可谓是大气层淘气的孩子们了，风、云、雨、雪、雷、电等自然现象，就是大气层在各种条件下孕育出来的。这些气象是大自然的重要组成，也是人类生存环境不可或缺的要素，那么就让我们来了解一下这些平凡而又神奇的气象吧。

云

"千形万象竟还空，映水藏山片复重。无限旱苗枯欲尽，悠悠闲处作奇峰。"古人对于云的描写常常令我们身临其境。那么，云是怎么形成的呢？从科学的角度讲，云是指停留大气层上的水滴或冰晶胶体的集合体，是地球上庞大的水循环的有形的结果。简而言之，云的出现主要是由于水汽的凝结，漂在空中的云，是由无数的水滴或冰晶分别组成的，或者混合构成的，当然有时也有较大的雨滴及冰、雪粒，云的底部很难接触地面，并有

一定厚度。地球上各种水源的蒸发，以及土壤、动物和植物的水分甚至人类，都在无时无刻地将水分蒸发到大气中。这些水分变成水汽进入大气后，

形成了云致雨，也有部分凝聚成了霜或者露，后又返还地面，渗入土壤或流入江河湖海，由此循环不已。这些循环着的水汽从蒸发表面进入低层大气后，一旦过于饱和，便产生水滴或冰晶将阳光散射到各个方向，达到人眼能辨认的程度，这就产生了我们肉眼所能看到的云了。

那么，为什么云的颜色不同，有蓝天白云，也有乌云遍布呢？那是因为云反射和散射所有波段的电磁波，所以云的颜色成灰度色，云层比较薄时成白色，但是当它们变得太厚或浓密而使得阳光不能通过的话，它们可以看起来是灰色或黑色的。从地面向上十几千米这层大气中，越靠近地面，温度越高，空气也越稠密；越往高空，温度越低，空气也越稀薄。

人类对于云的观测和利用很早，其中较为著名和具有里程碑意义的是1802年，英国科学家卢克·霍华德提出了著名的云的分类法，将云分为三类：积云、层云和卷云。这三类云加上表示高度的词和表示降雨的词，产生了十种云的基本类型。根据这些云相，人们掌握了一些比较可靠的预测未来12个小时天气变化的经验。比如绒毛状的积云如果分布非常分散，可表示为好天气，但是如果云块扩大或有新的发展，则意味着会突降暴雨。我国古代早就有大量针对云的民间研究，这点从我们日常流传下来的俗语中就可以管窥一二，比如"马尾云，雨必临"、"钩钩云，雨淋淋"等，生动地说明了人类文明与云的密切关系。

雨

不管是"斑竹一枝千点泪，湘江烟雨不知春"，还是"黄昏风雨打园林，残菊飘零满地金"。雨这一自然现象，早就深入到我们的生存和生活环境中了。可是，雨是如何形成的呢？我们已经对云有了了解，知道是大气中的水汽凝结成了小水滴和晶体，形成了云。那么雨呢？雨是那些水滴和晶体进一步增大所造成的。科学家认为，水蒸气上升到一定高度后遇冷变成小水滴，这些小水滴组成了云，它们在云里互相碰撞，合并成大水滴，当它大到空气托不住的时候，就从云中落了下来，形成了雨。

雨的成因多种多样，它的表现形态也各具特色，有毛毛细雨，有连绵不断的阴雨，还有倾盆而下的阵雨。雨水是人类生活中最重要的淡水资源，

植物也要靠雨露的滋润而茁壮成长。但暴雨造成的洪水也会给人类带来巨大的灾难。

雨除了经常出现在文学作品中以外，它和我们的工作、生活也是息息相关的。我国自古就有通过对雨的观测和预测，来对各种工作进行统筹的方法。例如有关雨水的天气谚语中有根据雨雪来预测后期天气的，如"雨水有雨百阴"、"雨水落了雨，阴阴沉沉到谷雨"。有根据冷暖来预测后期天气的，如"冷雨水、暖惊蛰"、"暖雨水，冷惊蛰"。还有根据风来预测后期天气的，如"雨水东风起，伏天必有雨"等等。农谚说："雨水有雨庄稼好，大春小春一片宝。""立春天渐暖，雨水送肥忙。"广大农村要根据天气特点，对三麦等中耕除草和施肥，清沟埋墒，为排水防渍做好准备。这说明雨水节气的天气特点对越冬作物生长有很大的影响。

雪

如果雨是文学家的挚爱，那么雪就更成为所有人所热爱和歌颂的气象了。一场"瑞雪"往往不仅让我们这些乐于雪中漫步的人高兴不已，更是让农民和环保者们乐不可支。因为雪在冬天驱赶了干旱，并且驱散了细菌的侵袭，过滤了人类对于环境的破坏。那么雪是如何形成的呢？

　　在水云中，云滴都是小水滴。它们主要是靠继续凝结和互相碰撞并合而增大成为雨滴的。冰云是由微小的冰晶组成的。这些小冰晶在相互碰撞时，冰晶表面会增热而有些融化，并且会互相沾合又重新冻结起来。这样重复多次，冰晶便增大了。另外，在云内也有水汽，所以冰晶也能靠凝华继续增长。但是，冰云一般都很高，而且也不厚，在那里水汽不多，凝华增长很慢，相互碰撞的机会也不多，所以不能增长到很大而形成降水。即使引起了降水，也往往在下降途中被蒸发掉，很少能落到地面。

　　最有利于云滴增长的是混合云。混合云是由小冰晶和过冷却水滴共同组成的。当一团空气对于冰晶说来已经达到饱和的时候，对于水滴说来却还没有达到饱和。这时云中的水汽向冰晶表面上凝华，而过冷却水滴却在蒸发，这时就产生了冰晶从过冷却水滴上"吸附"水汽的现象。在这种情况下，冰晶增长得很快。另外，过冷却水是很不稳定的。一碰它，它就要冻结起来。所以，在混合云里，当过冷却水滴和冰晶相碰撞的时候，就会冻结沾附在冰晶表面上，使它迅速增大。当小冰晶增大到能够克服空气的阻力和浮力时，便落到地面，这就是雪花。在初春和秋末，靠近地面的空气在0℃以上，但是这层空气不厚，温度也不很高，会使雪花没有来得及完全融化就落到了地面。这叫做降"湿雪"，或"雨雪并降"。这种现象在气象学里叫"雨夹雪"。

气象的种类非常多，我们这里只能挑选其中具有代表性的作介绍，至于诸如雾、霜、雷、电等这些气象，还需要读者们在日常生活中多加关注。

气象对于人类的重要性是不言而喻的。在农业领域，农作物生长在大自然中，无时无刻不受气象条件的影响；在交通领域，海、陆、空交通都受风、浓雾、能见度、暴雨、冰雪、雷暴、积水等气象条件的影响，海雾能使客船、渔船和舰艇等有偏航、触礁、搁浅、相撞的危险。无论是飞机的起飞和着陆，还是在高空的飞行等都受气象条件的制约；在工业领域，气象对工业生产的影响是非常广泛的。无论是厂址的选择、厂房的设计，还是原料储存、制造、产品保管和运输等各环节，都受温度、湿度、降水、风、日射等气象条件的影响；甚至在军事领域，自古以来，军事与气象有着不解之缘。气象对作战的影响，历来被兵家所重视。从历史上著名的战例来看，对战争危害较大的气象灾害有暴雨洪涝、台风、冷冻、高温、大雾以及因气象引起的疫病等。因此，我们不仅要认知气象，更要有效利用气象资源，保护气象环境。

气象资源

"气象资源"这一名词，不仅仅属于气象学范畴，更是属于人类未来的概念。气象资源的内涵，包括了一切对人类生存和发展的有利资源和条件，例如气象中的风、云、雷、电等自然现象，也包括了春、夏、秋、冬等气候以及与之相关的所有信息。如气象、气候与人类健康，气象与人类通讯等，都构成了对人类有利的一类资源。

实际上，人类几乎所有的活动都难以离开气象、气候的影响，几乎所有的领域，诸如运输、粮食安全、城市发展、水源、能源和其他资源的管理、旅游等，都离不开气象资源的保驾护航。当然，气象资源的开发与保护，不仅仅是气象部门，或者是国家的事情，而是全社会共同力量才能支撑的公共事业，需要我们加强对气象资源的认知，从身边的、熟悉的、可以预知的着手，再到科学的、陌生的、难以预料的，构成一个认知、研究、开发、保护、反馈的体系。

下面，就让我们来了解一下这些源自大自然的馈赠。气象资源种类繁多，风能最容易被想起，谈起我们日常生活中的气象资源，最先想到的恐怕就是风了。

儿时的风筝在大风中上下飞舞，大海中的渔船扬起硕大的风帆，堂·吉诃德与之战斗的风车，耳熟能详的"只欠东风"、"一帆风顺"、"一路顺风"。令人惬意的"桃花一路笑春风"，令人悚然的"台风"、"飓风"、"龙卷风"。这些神奇的风，又是如何形成的呢？风的种类繁多，驱使的原因当然也是千奇百怪、错综复杂了。19世纪初，科学家们根据各地气压与风的观测资料，画出了第一张气压与风的分布图，显示了风从气压高的区域吹向气压低的区域，指明了风的行进路线并不直接从高气压区吹向低气压区，而是一个向右偏斜的角度。这说明了，风是空气流动的结果，而空气流动的产生又与大气中的气压有着莫大的联系。简而言之，大气中各层的温度、成分等因素导致了气压的不同，气压不同导致了空气的对流，这种气流既有横向的也有纵向的和不规则的，因而导致了各种风的产生。

风是一种可再生、无污染而且储量巨大的能源。风作为一种气象资源，在古代主要是提供动力，包括我们最常在书本上看到的帆船，风车带动的磨坊或者风力提水机等等，到现在，澳大利亚还存在近百万台的风力提水机。目前，风资源的主要利用方式是风能发电。风力发电机利用螺旋桨将

风力发电

风能转化成为电能。风力发电属于环保能源，当前世界风力发电总量居前三位的国家，是德国、西班牙和美国，三国的风力发电总量占全球风力发电总量的60%，但是利用风能发电最普遍的国家却是北欧的丹麦，这个国家虽只有500多万人口，却是世界风能发电大国和发电风轮生产大国，世界10大风轮生产厂家有5家在丹麦，世界60%以上的风轮制造厂都在使用丹麦的技术，是名副其实的"风车大国"。

风能发电虽具有多种好处，但是也存在着很大的局限性，例如电能的大小往往取决于风速大小；风能利用受到地理限制很严重，风小的地方当然不能发电了；风能转换效率低，人类对于风能转换的技术还没有完全成熟和完善等，对风能的利用提出了新的要求。

游弋于身边的宝藏：气候与气候资源

气候，犹如我们生之而来的五官、四肢一样，无时无刻不存在我们身边，但是我们却没有细致地观察过它们。科学上对于气候的解释是："气候是地球上某一地区多年时段大气的一般状态，是该时段各种天气过程的综合表现。气象要素（温度、降水、风等）的各种统计量（均值、极值、概率等）是表述气候的基本依据。气候是长时间内气象要素和天气现象的平均或统计状态，时间尺度为月、季、年、数年到数百年以上。气候以冷、暖、干、湿这些特征来衡量，通常由某一时期的平均值和离差值表征。"

气候与人类社会有密切关系，许多国家很早就有关于气候现象的记载。中国春秋时代用圭表测日影以确定季节，秦汉时期就有二十四节气、七十二候的完整记载。"气候"一词源自古希腊文，意为倾斜，指各地气候的冷暖同太阳光线的倾斜程度有关。由于太阳辐射在地球表面分布的差异，以及海洋、陆、山脉、森林等不同性质的下垫面在到达地表的太阳辐射的作用下所产生的物理过程不同，使气候除具有温度大致按纬度分布的特征外，还具有明显的地域性特征。

按水平尺度大小，气候可分为大气候、中气候与小气候。大气候是指全球性和大区域的气候，如热带雨林气候、地中海型气候、极地气候、高原气候等；中气候是指较小自然区域的气候，如森林气候、城市气候、山地气候以及湖泊气候等；小气候是指更小范围的气候，如贴地气层和小范围特殊地形下的气候，如一个山头或一个谷地。

气候变化对人类与自然系统有重要影响。由于生态系统和人类社会已经适应今天以及最近过去的气候。因此，如果这些变化太快使得生态系统和人类社会不能适应的话，人们将很难应付这些变化。对于许多发展中国家，这可能会对基本的人类生活标准（居住、食物、饮水、健康）产生非常有害的影响。对于所有的国家，极端天气气候事件发生频率的增加将会增大天气灾害的风险。

气候变化对我国经济社会的影响有正面的，也有负面的影响。其中一些变化实际上是不可逆转的，因此我们更要关注的是负面影响。据统计，1950 年到 2000 年，特别是 1990 年以后气象灾害造成的经济损失急剧增加。原因有两个，一方面是由于极端天气事件的增多，另一方面是由于我国总体经济体量增加，使得经济损失绝对值大幅升高。气候变化对农业的影响是负面的。预计到 2030 年，我国三大作物，即稻米、玉米、小麦，除了浇灌冬小麦以外，均以减产为主。气候变化对水资源的影响也很大，全球变暖使水循环的过程速度加快，降水的空间不均匀性增加。气候变化对重大工程也有影响，如长江上游降水量的增加，导致地质灾害的频率会增加，对三峡水库的安全运营会造成一定的影响。另外气候变化也会影响青藏铁路和公路，大大增加铁路和公路运行维护的投资。

与我们上一节介绍的气象一样，气候也存在着多样性。这是由于由于热量与水分结合状况的差异，或水分季节分配不同，或有巨大的山地、高原存在，有的同一个气候带内其内部气候仍有一定差异。科学家们据此将地球上的气候区分为五个大的类型：热带气候、亚热带气候、温带气候、亚寒带气候以及极地高山气候。当然，这些类型中，由于热量、水分、地理上的不同，又细化为若干个小的类型。比如，热带气候中，又包含了热带雨林气候、热带草原气候、热带沙漠气候和热带季风气候。这里，我们选取了斑斓万千的气候种类中的三个比较具有特点的类型作介绍。

热带沙漠气候

看到"热带沙漠"这个词语，大部分人都会想起黄沙遍野、太阳如炙、骆驼商队。不错，热带沙漠气候主要分布在南北回归线附近的大陆内部或大陆西岸，主要地理位置在非洲北部、亚洲西部、澳大利亚中西部和南美洲西侧的狭长区域等地，大致在回归线附近的大陆内部和西岸。以非洲北部、亚洲阿拉伯半岛和澳大利亚沙漠区为典型。包括非洲撒哈拉沙漠、西南亚的阿拉伯大沙漠、澳大利亚中部和西部的沙漠，以及南美的几个沙漠地带都是热带沙漠气候的典型代表。

这些著名的沙漠地带都是如何形成的呢？热带沙漠地带，终年受副热

带高压下沉气流控制，为信风吹刮的区域。在高压带内的空气具有下沉作用，空气下沉时形成绝热增温，使相对湿度减小，空气非常干燥。同时，信风由副热带高压带吹向赤道低压带，在这个过程中不断得到温度增加。结果是空气越热，消耗的水量也就越大，使它成为十分干燥的旱风。因此，热带沙漠地带，大气很稳定，湿度低，少云而寡雨，成为地球上雨量稀少的干旱区。直白地说，沙漠地带的形成，是由于水进来的少、出去的多而形成的。当然热带沙漠的形成原因是多种多样，其中最特殊的要属巴基斯坦的热带沙漠气候，那里形成这种天气的主要原因是森林植被受到严重破坏，此外地处低压的中心，西南季风难以到达或西南季风难以深入。

　　热带沙漠气候的主要特征有三个：

　　（1）降水量少，甚至可以说奇少！北非撒哈拉沙漠中的亚斯文曾有连续多年无雨的记录；而在南美智利北部沙漠的阿里卡，有连续 17 年中仅下过 3 次可量出雨量的阵雨，而 3 次总量仅 0.51 毫米，降水量极少。但是有时候，热带沙漠地带会突然神经质般地降雨，比如位于智利北部沙漠的伊基圭曾连续 4 年无雨，但第 5 年的一次阵雨就降了 15 毫米，在另一年的一次阵雨记录竟达 63.5 毫米。

（2）气温高并且温差大。所有人对于沙漠的温度恐怕都有畏惧，那里一般夏季白天月均温大都在30℃～35℃之间，而且高温的时间很长，如阿拉伯半岛的亚丁，一年有5个月的月均温在30℃之上。这是由于云量少，日照强，又缺乏植被覆盖，空气湿度小，因此白天气温上升极快。在北非曾有高达58℃的记录。夜晚则较为凉爽，整夜无云，地面辐射强，散热快，夜间最低温度一般在7℃～12℃之间。有观测证明，最大白天和黑夜的温差是37.8℃，和我国新疆的早上穿棉袄晚上吃西瓜有相似之处。

（3）蒸发量特别大。热带沙漠地区的蒸发量一般是降水量的20倍以上，有的地方甚至达到了100倍，因此空气中的相对湿度很小。

热带雨林气候

领教了热带沙漠的干旱少雨，让我们到热带雨林气候带去沐浴一下吧。热带雨林气候主要分布地包括非洲刚果河流域、几内亚湾、亚洲印度半岛西南沿海、马来半岛、中南半岛西海岸等地，以及南美洲亚马孙河流域和大洋洲从苏门答腊岛至新几内亚岛一带，大致存在于地球南北纬10度之间。

热带雨林气候的成因由于各地的地形、空气、降雨等多种因素不同，也具有各种不同的原因，但是归结起来大致就是以下几点：

第一，太阳辐射，太阳辐射量在100～180千卡/厘米·年范围内。使得全年高温。热带雨林气候虽然也具有高温的特点，但是其辐射量要小于沙漠地带。

鸟瞰亚马孙热带雨林

第二，大气环流，这些地带大多处于处在赤道低压带，信风在赤道附近聚集，辐合上升，所含水汽容易成云致雨，因此降水量比较大。

第三，海陆影响。热带雨林气候所在地都靠海或在大河流域，也是其雨水量大的原因之一。

第四，热带雨林产生的植物群的蒸腾作用强，使得这些地带的湿度更加大。

热带雨林气候的特征很容易理解，那里一般全年都是夏天，一般早晨晴朗，午前炎热，午后下雨，黄昏雨歇，天气稍凉。而且，如果你喜欢雨的话，热带雨林地带倒是个好去处，因为那里缺乏水分的日子可是非常非常地少。如果你有旅游的打算，推荐你去南美的亚马孙平原的热带常绿雨林，当然如果觉得太远，我国的云南也是个不错的替代选择。

地中海气候

地中海气候的全称是亚热带地中海气候，全球有五个地区具有这种气候，包括：①地中海沿岸，包括欧洲南部、非洲北部沿海和西亚少数地区；

②非洲南部的西岸，即南非西部和纳米比亚南部；③南美智利中部；④北美加利福尼亚沿岸；⑤澳大利亚西南和东南沿海。

希腊独特的地中海式风情

地中海气候是比较特别的一种气候。简单总结，就是冬季多雨，而夏季干旱，这和我们生活在温带的读者们的冬季干旱、夏季多雨的感觉正好相反。因此这里的植物大多数也是与全球各地迥然不同的耐旱型植物，在地中海气候带居住的人们，为此而经营了较为发达的灌溉系统。

地中海型气候的形成，主要是冬季受西风带控制，锋面气旋活动频繁；夏季受副热带高压带控制，气流下沉。在地中海地区，夏季受副热带高气压带控制，地中海水温相比陆地低从而形成高压，加大了副热带高气压带的影响势力，冬季地中海的水温又相对较高，形成低压，吸引西风，又使西风的势力大大加强。我们在电视电影作品中所看到的希腊蓝白色调的建筑，就大多数出于地中海气候带之中。

气候，作为一种我们身临其境的自然现象，已经越来越被世人所关注。由于人类发展中对于气候的破坏和影响，现在各种气候的变化对人类的生存和发展已经形成了威胁。要知道，地球史上的主宰生物们，比如恐龙，就是因为气候的大规模变化而灭绝的。因此，怎样利用好气候资源，保护好气候资源已经成为全球性的问题。

气候资源

气候资源是一个全新的科学概念，相对于气象资源产生得更晚，这与人类对于气候变化感知的时间基本保持同步。《世界气象组织第二个长期计划草案》对这个概念作了简要论述："气候既是有益于人类的一项重要自然资源，又可能导致自然灾害。"可以这么说，凡是自然界中有利于人类经济活动的气候条件，包括气候中所包含的各种特殊的太阳辐射、热量、水分、空气，风能，都可以被叫做气候资源。与气象资源所不同的是，气候资源的覆盖面积更广阔，持续时间更长，稳定性更强。我国古代早就有对气候资源利用的先例，比如《吕氏春秋》中写道"凡农之道，原（即候，指时令）之为宝"，将气候称为农业生产的资源（宝）。我国古代即已提出二十四节气与七十二候等，以便掌握农时，利用好气候资源。气候资源的对象主要是农业、商业、军事等领域，农产品的生长当然要依靠有利的气候资源，各个气候带也会根据不同的特点而栽种不同的农产品；而商业领域，随着人类对健康的愈发重视，对于气候资源的利用也越来越多，这是由于人类生活在大气层的最底层，对于气候变化的感知最是强烈，而由此产生的相关技术和产品更是屡见不鲜。当然，气候资源也并不是一种取之不尽用之不竭的资源，如果人类一味地索取而不知道主动地去保护气候资源，那么它们就将以自己的方式对人类说"不"。

罪与罚：人类的污染与大气的惩罚

　　首先让我们来认识一个词语——干洁空气，也就是没有被污染的大气。所谓干洁空气，就是指在自然状态下的大气，除去水汽和杂质的空气，其主要成分是氮气、氧气、氩气和占其他各种含量不到0.1%的微量气体。当在一定范围的大气中，出现了新生的微量物质，对人、动物、植物及物品、材料产生不利影响和危害。当大气中的这种微量污染物质的浓度达到破坏生态系统和人类正常生存和发展的程度时，就会形成我们通常所说的大气污染。大气的污染，除却自然因素，包括火山喷发、森林火灾等，人类作为污染源的形式可谓多种多样。

　　让我们来看看身边的污染源：首先是人类最伟大的发明——交通工具。多少年来，交通工具对人类的贡献真可谓是登峰造极。试想一下，如果没有汽车、火车、轮船、飞机，我们的世界将变成什么样子？但是，这些交通工具需要能源，无形中也给城市增加了大气污染源。其中具有重要意义的是汽车排出的废气。

　　汽车污染大气的特点是排出的污染物距人们的呼吸带很近，能直接被人吸入。汽车内燃机排出的废气中主要含有一氧化碳、氮氧化物、烃类

（碳氢化合物）、铅化合物等。虽然人类已经认识到了交通工具排放废气对大气带来的伤害，并且正在寻求替代品。但是很明显，目前谁也不愿意为此买单，只有很少一部分人愿意为了距离我们几万千米的大气层而放弃上班用的汽车。

交通工具的疯狂排泄令人愤慨，而世界工业企业的排放就更加令人愤怒了。目前，各种工业企业的排放，是大气污染的主要来源，也是世界各国大气卫生防护工作的重点。整个世界进入工业时代以来，疯狂的人类已经被经济发展蒙蔽了眼睛，看不见我们头上悬着的达摩克利斯之剑。现在，随着工业的迅速发展，对于大气污染物的种类和数量日益增多。由于工业企业的性质、规模、工艺过程、原料和产品种类等不同，其对大气污染的程度也不同。也就是说，当人类意识到对大气的污染以后，我们仍然没有放慢脚步，有些地区，有些工业企业甚至变本加厉，而且实际上每天这个地球上都有新的不同的工业污染源在诞生，真可谓是前赴后继啊！

对于大气的污染，很多人愤慨，对着烟囱林立的工业园区怒骂的时候，你有没有想过，其实对于大气的污染，很多是人亲手造成的。因为，我们的生活中，到处都存在着对大气的危害行为。夏季炎热，冬季寒冷，因此夏天我们没完没了地开着空调，空调产生的氟利昂对大气的危害可谓久矣。而冬天的生活炉灶与采暖锅炉在居住区里，随着人口的集中，大量的民用生活炉灶和采暖锅炉也需要耗用大量的煤炭。特别在冬季采暖时间，往往使受污染地区烟雾弥漫，这也是一种不容忽视的大气污染源。

大气污染对于自然界的影响，对于人类生存和发展都具有重要意义。从长远和全局的角度来看，大气污染排放的污染物对局部地区和全球气候都会产生一定影响。这种影响产生的后果也可能是我们目前所难以预料的。

首先，大气污染导致臭氧层被破坏，臭氧层的作用我们已经向读者们作了介绍，其后果不言而喻，所以当前众多科学家都比较关注。1987年，全球多数国家派出的代表，在加拿大蒙特利尔签署了《关于消耗臭氧层物质的蒙特利尔协定书》，这是对付世界环境公害的一个开创性的国际协定，目的是控制氟氯烃和其他破坏臭氧层的物质的消费量，保护地球的"外衣"——臭氧层，也保护人类自己。

融化中的北极冰川

其次，大气污染导致了自然界二氧化碳的平衡，地球各种燃料燃烧后，将产生多种有害物质，产生众多的二氧化碳。大气中的二氧化碳浓度不断增加，从而引发温室效应，使得全球气温升高，南北两极冰盖消融，海平面上升，引发各种反自然现象等等，所有的自然现象都是存在关联的，而最终的起点就是大气污染。

最后，大气污染除却对自然界的影响，对人类自身的健康更是非常直观的，大气中的有害物质将通过三种途径对人体造成伤害。第一种是人类通过呼吸，直接将有害气体吸入体内。这一点，住所附近存在污染源工业企业的读者一定感受很深，各种工业企业烟囱中排放的废气，对一定范围内的人造成的伤害基本上马上就可以被感知。第二种是通过人类的食物、水源进入人体。和第一种途径的性质其实很相似，只不过这种污染方式是间接的，通过我们平时所吃的蔬菜、禽蛋奶、肉类等渠道进入人体，造成危害。第三种是人类通过接触和刺激皮肤而受到污染，这种污染的机率比较小，但是危害也非常之大。

每每谈到人类对自然的破坏，我们都不禁无可奈何，为什么我们人类跟什么扯上关系，哪些东西就要遭殃呢？我们破坏动物、植物的生存环境，我们对高山、湖泊毫无怜悯，怎么竟然连我们赖以生存的大气都不放过了？人类对于大气的破坏，对于气候、气象资源的浪费和破坏，在不远的未来将成为我们的最大罪过，并且招致大自然最严厉的报复。其实，这些严厉的报复不仅仅是未来的事情，翻开人类的历史，大气受到污染后对人类的报复屡见不鲜，接下来就让我们来了解一下其中几次较为著名的"报复"事件。

比利时马斯河谷事件

1930年12月上旬，比利时马斯河谷地区，多种重型工厂分布在河谷上，包括炼焦、炼钢、炼锌、硫酸、电力、玻璃、化肥等工厂，大量的工业企业排放出遮天蔽日的有害气体，由于当时比利时大雾笼罩，且马斯河谷地区的上空出现了逆温层，再加上马斯河谷的地形上狭窄的盆地，两侧山高约90米，这种特殊的地形使得大量烟雾弥漫在河谷上空无法扩散，有害气体在大气层中越积越厚，其积存量接近危害健康的极限。

从第三天开始，在二氧化硫和其他几种有害气体以及粉尘污染的综合作用下，河谷工业区有上千人发生呼吸道疾病，发病者包括不同年龄的男女，他们的主要症状是流泪、恶心、喉痛、呼吸短促、胸口窒闷、声嘶、

咳嗽、呕吐等，其中以咳嗽和呼吸急促的症状最多。这样的情况持续着，使得一个星期内就有63人死亡。其中死者大多是老年人和患有慢性心脏病或者肺病的患者。这种情况不仅仅对人类的生命造成了威胁，河谷内的大量动物、植物等也都遭到了灭顶之灾。

事件证明，大气中云集不散的有害气体，对人类和动物们的呼吸道造成了极大伤害，对于心脏病和肺病等也具有强烈的诱发作用。比利时马斯河谷烟雾事件，是人类在20世纪最早记录下的大气污染对于人类的报复，这样的事情日后被证明只不过是个开始，而接二连三的事件将人类的荒唐行为进行了彻底的打击。

洛杉矶的光化学烟雾

说起洛杉矶，读者们脑海中会立即浮现出阳光、沙滩、大海，那里曾经是一个风景如画、游人如织的美丽城市，商业和旅游业都颇为发达。然而，随着人类对于发展的执着和对大气保护的疏忽，大气开始以自己的方式报复这里的人们了。

20世纪40年代初期，每年从夏季至早秋的一段时间内，本来是晴朗的日子，洛杉矶的上空却始终漂浮着大片大片足以遮天蔽日的浅蓝色烟雾，整座城市上空变得浑浊不清。更可怕的是，这种蓝色的烟雾导致当地居民开始眼睛发红、呼吸憋闷、咽喉疼痛，并伴以轻度的头昏、头痛。1943 年以后，这种报复更加地肆无忌惮了，导致远离洛杉矶大约 100 千米之外的高山上的大片松树林枯死。不要以为这种大气的报复像比利时马斯河谷那样

只不过是暂时的。洛杉矶的光化学烟雾，一直延续到现在，期间因呼吸系统衰竭死亡的 65 岁以上的老人达 400 多人。1970 年，3/4 的居民患上了红眼病。

很显然，造成这种现象与洛杉矶当地发达的工业和交通工具是分不开的，事后科学家分析认为，当时洛杉矶市拥有飞机制造、军工等工业，而各种汽车竟多达 400 多万辆，市内高速公路纵横交错，占全市面积的 30%，每条公路每天通过的汽车达 16.8 万辆次。由于汽车漏油、排气，汽油挥发、不完全燃烧，每天向城市上空排放大量石油烃废气、一氧化碳、氮氧化物和铅烟。这些排放物，经太阳光能的作用发生光化学反应，生成过氧乙酰基硝酸酯等组成的一种浅蓝色的光化学烟雾，加之洛杉矶三面环山的地形，光化学烟雾扩散不开，停滞在城市上空，形成污染。正是这些工业和交通工具造成了这次污染事件，而人类则又一次要为自己的愚蠢行为埋单。

多诺拉事件

多诺拉是美国宾夕法尼亚州的一个小镇，位于匹兹堡市南边 30 千米处，

有居民 1.4 万多人。多诺拉镇坐落在一个马蹄形河湾内侧，两边高约 120 米的山丘把小镇夹在山谷中。多诺拉镇是硫酸厂、钢铁厂、炼锌厂的集中地，多年来，这些工厂的烟囱不断地向空中喷烟吐雾，以致多诺拉镇的居民们对空气中的怪味都习以为常了。

1948 年 10 月 26～31 日，持续的雾天使多诺拉镇看上去格外昏暗。气候潮湿寒冷，天空阴云密布，一丝风都没有，空气失去了上下的垂直移动，出现逆温现象。在这种死风状态下，工厂的烟囱却没有停止排放，就像要冲破凝住了的大气层一样，不停地喷吐着烟雾。两天过去了，天气没有变化，只是大气中的烟雾越来越厚重，工厂排出的大量烟雾被封闭在山谷中。空气中散发着刺鼻的二氧化硫气味，令人作呕。空气能见度极低，除了烟囱之外，工厂都消失在烟雾中。随之而来的是小镇中 6000 人突然发病，症状为眼病、咽喉痛、流鼻涕、咳嗽、头痛、四肢乏倦、胸闷、呕吐、腹泻等，其中有 20 人很快死亡。死者年龄多在 65 岁以上，大都原来就患有心脏病或呼吸系统疾病，情况和当年的马斯河谷事件相似。

这次的烟雾事件发生的主要原因，是由于小镇上的工厂排放的含有二氧化硫等有毒有害物质的气体及金属微粒在气候反常的情况下聚集在山谷中积存不散，这些毒害物质附着在悬浮颗粒物上，严重污染了大气。人们在短时间内大量吸入这些有毒害的气体，引起各种症状，以致暴病成灾。

多诺拉烟雾事件和1930年12月的比利时马斯河谷烟雾事件，及多次发生的伦敦烟雾事件、1959年墨西哥的波萨里卡事件一样，都是由于工业排放烟雾造成的大气污染公害事件。

伦敦烟雾事件

1952年12月5日开始，逆温层笼罩伦敦，城市处于高气压中心位置，垂直和水平的空气流动均停止，连续数日空气寂静无风。当时伦敦冬季多使用燃煤采暖，市区内还分布有许多以煤为主要能源的火力发电站。由于逆温层的作用，煤炭燃烧产生的二氧化碳、一氧化碳、二氧化硫、粉尘等气体与污染物在城市上空蓄积，引发了连续数日的大雾天气。期间由于毒雾的影响，不仅大批航班取消，甚至白天汽车在公路上行驶都必须打开大灯。

当时在正在伦敦举办一场牛展览会，参展的牛首先对烟雾产生了反应，350头牛有52头严重中毒，14头奄奄一息，1头当场死亡。不久伦敦市民也对毒雾产生了反应，许多人感到呼吸困难、眼睛刺痛，发生哮喘、咳嗽等呼吸道症状的病人明显增多，进而死亡率陡增。据史料记载，从12月5日到12月8日的4天里，伦敦市死亡人数达4000人。根据事后统计，在发生烟雾事件的一周中，48岁以上人群死亡率为平时的3倍；1岁以下人群的死亡率为平时的2倍。在这一周内，伦敦市因支气管炎死亡704人，冠心病死亡281人，心脏衰竭死亡244人，结核病死亡77人，分别为前一周的9.5、2.4、2.8和5.5倍。此外，肺炎、肺癌、流行性感冒等呼吸系统疾病的发病率也有显著性增加。12月9日之后，由于天气变化，毒雾逐渐消散，但在此之后两个月内，由于又有近8000人因为烟雾事件而死于呼吸系统疾病。事件之后伦敦市政当局开始着手调查事件原因，但未果。此后的 1956 年、1957 年和 1962 年又连续发生了多达 12 次严重的烟雾事件。直到 1965 年后，有毒烟雾才从伦敦销声匿迹。

  1952 年的烟雾事件并非伦敦历史上第一次严重的烟雾事件，据史料记载，伦敦最早的有毒烟雾事件可以追溯到 1837 年 2 月，那次事件造成至少 200 名伦敦市民死亡。而在 1952 年之后，伦敦也多次发生烟雾事件。1952 年伦敦烟雾事件被环保主义者看作 20 世纪重大环境灾害事件之一，并且作为煤烟型空气污染的典型案例出现在多部环境科学教科书中。

爱与被爱：人与大气的和谐生活

面对人类在生存和发展中对自己做出的破坏和污染，大气层、气候、气象，这些自然界中最难以掌握和难以捕捉的现象，除了给予我们警示性的报复，其实更多的是给予我们关怀，给予我们生存所需要的一切。自然生态系统和人类社会都离不开干洁的空气，离不开适宜生存和发展的气候与气象条件。人类从远古走到现代，与大自然虽然存在斗争、征服的一面，但更多的是寻找与自然的和谐共存之道，其中当然免不了为怎样与大气、气候、天气、气象和平相处而苦恼。一路走来，人类受到了一些惩罚，但是也得到了更多的经验。人类社会不管政治、经济、经济、教育发展到了什么样的程度，都脱离不了对自然的依赖，更离不开我们赖以生存的大气环境。

在前面的章节中，我们对大气对人类生活与生存环境的重要意义已经有了直观的认识。我们知道大气受到污染后会产生臭氧空洞，会导致全球变暖，会引发气候变化，会导致气象灾害。但其实，我们没有注意到，大气环境受到了污染，空气质量下降后，我们的身体将受到最大的伤害。科学研究发现，空气污染与呼吸道和心血管疾病、癌症和神经系统失调、空气传播疾病有直接的联系。据世界卫生组织估计，全球每年有200万人因为空气污染而过早死亡。天气、气候与我们的空气质量息息相关。

一方面，刮风等气象条件十分有利于污染物的扩散，雨、雪、雷电等也能对空气起到很好的净化作用，能降低特定区域特别是大中城市的大气污染物浓度。但是，如果风力过大，加之地表裸露干燥或者建筑工地沙土直接暴露在空气中，则会形成扬沙甚至沙尘暴天气，大气悬浮颗粒物浓度上升，影响我们的呼吸和感官。

另一方面，当出现静风、稳定气象条件时，大气当中的污染物就不易扩散，污染物快速聚集并且浓度异常偏高，就会产生特别严重的大气污染灾害。大气污染特别是大气当中一些特殊成分的显著改变，也将对天气、气候产生明显的影响。

可怕的沙尘暴

随着经济快速发展，人口急剧增长，城市无限扩张，化石能源过度利用，我们呼吸的空气也正在发生变化，而这种变化也在时时刻刻地严重影响着天气和气候，对全球气候变化和生态环境带来了持续且难以预料的变化，直接影响着人与自然和谐发展。研究表明，全球气候变暖可能引起热浪频率和强度的增加，由极端高温事件引起的死亡人数和严重疾病将增加，并可能增加疾病的发生和传播几率，增加心血管、疟疾、登革热和中暑等疾病发生的程度，危害人体健康。

如果以上的话对我们来说，还达不到有切身体会的程度，那么让我们来看我们国家的大气环境现状：由于我国是一个以燃煤为主要能源的国家，在我国的能源结构中，煤炭占75%以上。而煤炭在燃烧过程中不仅排放出大量有害的粉尘，还有二氧化硫和氮氧化物，它们与空气中的水蒸气结合后形成高腐蚀性的硫酸和硝酸，又与雨、雪、雾回落到地面，形成被称为"空中死神"的酸雨，它腐蚀了建筑，破坏了植被；而燃煤产生的二氧化碳又是温室气体的主要因素，它导致了全球气温的普遍升高并由此引起沙漠化扩大和海平面上升。

目前，中国的温室气体总量排放已居世界第二位，如果在尚未解决可再生能源的情况下大量使用空调，势必加剧我国的能源负担和气候变暖，首当其害的还是我们自己。据世界银行和中国有关专家的预测，由于全球气候变暖和海平面上升，到 2050 年中国沿海海拔 4 米以下的平原地区将受到海水淹没的危害，并导致 6700 万人的搬迁。不仅如此，由于我国在发展中对于大气环境的破坏远远大于保护，因此我们所居住的城市的空气质量已经受到了极大损害。根据全球大气监测网的监测结果是，北京、西安、上海、沈阳、广州的大气中总悬浮颗粒物日均浓度，超过世界卫生组织标准 3~9 倍，被列入世界十大污染城市之中。空气污染已成为影响健康和制约经济发展的重要因素。

如此看来，大气污染、气候变化不仅仅是国家的事情，不仅仅是工业企业家们的事情，而是与我们每个人息息相关的事情。清洁的大气、适宜的气候、健康运行的气象，这些都是我们与自然和谐相处的关键，是人类生存与发展的前提。目前，全球各个国家都对大气环境的保护产生了极大的关注，从政府的层面来说，他们会尽可能地调整产业结构、制定相关法律、强制工业企业减低排放等，但是仅仅靠他们的力量是远远不够的。大气环境在自然资源中，最贴近人类的生活，每个人的生存与生活、工作都将在这个环境中进行，势必将对其产生影响。

科学界曾经有一个著名的学说叫"蝴蝶效应",大意是在北美洲一个蝴蝶扇动翅膀,将引起南美洲某地的天气等变化。这个学说也许建立在其自身的理论上,我们不究其竟,但是它可以用来直观的表现我们每个人与大气环境的关系,更简单而直白地说,我们都在一条船上前行,没有人能够脱离。因此,对于热爱自然,保护自然,保护大气环境,必须建立在人人有责、人人参与的基础上。那么,我们作为60亿人中的一员,应该从哪些事情做起呢?

我们先来谈谈交通工具。诺贝尔对于自己发明了黑火药被用于战争和人类的互相残杀而后悔不已,爱因斯坦也对曾经为原子弹的产生作出贡献而痛心。但是,无论是TNT炸药,还是投向日本的原子弹,它们的威力都只是局限性的、暂时的,而汽车,这一发明对于人类世界的危害,对于地球大气环境的损害,却是远远超出所有人的想象。

汽车作为工业文明的产物和标志,它加速了人类工业发展的进程,同时也改变了人类对时间与空间的传统概念。然而汽车运动所制造的垃圾——尾气,却永远地伤害着大气环境,这种伤害是不可逆转的。汽车尾气中的二氧化碳、氮氧化物、碳氢化合物和铅,这些物质在大气中能形成

海　啸

硝酸离子,不仅仅在伤害着人体健康,更是温室气体的主要来源,由此汽车废气成为了温室效应、气候变化的罪魁祸首。你也许不会想到,正是我们紧握方向盘的双手,正在制造着撒哈拉沙漠的扩大和南极冰川的消融,正是我们亲手制造了厄尔尼诺现象,我们甚至亲手造出了印尼海啸和莫纳克台风!

好吧,你的眼神已经告诉我你受到了震撼,急不可耐地想要了解如何补救了。其实很简单,减少汽车尾气排放最简单的方法,就是少用汽车,甚至不用汽车,使用公共交通工具或者自行车等。世界各国因此而采取了

不少方法，比如美国华盛顿人们经常搭乘陌生人的便车，车主们也很乐意为这些素不相识的乘客免费服务，因为按这里的规定，车内必须凑够至少3人，才能在高峰期通过某些拥挤的公路。而在韩国，汽车收费站有4个口是供普通的车通过的，另外还有一个绿色通道，车内如果有3名以上的乘客就可以免费通过。韩国政府利用这个鼓励人们组合搭车，减少能源的消耗和空气的污染。

中国曾经是自行车的王国，但是经济的发展令我们冲昏了头脑，且不说北京、上海等大城市，就是中小城市中，没有一辆轿车，仿佛都不好意思出门。汽车成为了许多家庭新的"三大件"之一，而多数家庭都对汽车灾难的降临没有丝毫的察觉。轿车族们大可不必为自己拥有汽车而炫耀，要知道，你比别人消耗了更多的属于后代的有限能源，制造了更多的空气污染。公交族和自行车族们更有理由为自己远离轿车而骄傲，因为你用自己实实在在的行为，领导着无愧于地球、无愧于后代的时尚。

你也许告诉我，你根本就没有汽车，那么，我们就来看看，你身边所能为大气环境所做的一切。说到污染源，我们可能首先会想到工厂的烟囱。的确，在能源消耗和空气污染的来源，工业的燃煤占了1/3，是导致空气质量状况恶化的首要原因。那么，当国家为这些工矿企业制定了标准后，谁来监督他们执行呢？执法机关的力量毕竟太小了，而更多的要依靠我们自觉的监督和保护。

　　让我们来看看国外人民群众如何监督他们的污染源，在美国，联邦环保署根据空气法制定空气品质标准，并制定废气排放限度。地方政府的环保部门具体实施这些法规条文。而民间环保组织和社区群众则担负着监督执法的任务。他们可以起诉排污的公司，如果政府执法不严的话，也可以起诉政府。在韩国首尔，他们甚至在广场上竖起了一个大屏幕，实时播报空气质量，并请大家共同监督周围的生活环境。

　　我国民众对于环境监督尚在起步阶段，相信随着法律的不断健全和全民环保意识的不断觉醒，我们对于自觉监督污染源，保护大气环境的意识将会不断得到加强，到那个时候，你也许就可以堂而皇之地走进一个个工矿企业要求他们停工，或者拨打政府的监督电话，狠狠地告他们一状。

　　那么，当我们站在灯火辉煌的大街上对着来往的汽车洪流颐指气使的时候，当我们面对肆意排污的工厂烟囱大为光火的时候，我们有没有想到，其实我们生活中的很多微小事物都在随着它们一起损害我们的大气环境。生活在电器时代的人们可以想一想，我们周围有多少电器，作为以火力发电为主的国家，用电是靠燃煤来支撑的，燃煤就是消耗不可再生的能源，就要产生粉尘、酸雨和温室气体。当我们打开电灯的时候，用微波炉的时候，打开电视的时候，享受空调带来的凉爽的时候，我们都在亲手向我们的大气母亲索要这"零花钱"。

　　据日本环境厅调查，由于家用电器的使用而排放的二氧化碳已占全国二氧化碳排放总量的20%，并有逐年增加的趋势。我们自身不仅是空气污染的受害者，也是它的制造者。那么我们应该怎么做？其实很简单，减少使用大功率电器，将节约能源的好习惯终身携带。也许你今天少使用一个小时的空调，就为你的子孙后代多保留了一立方米的新鲜空气；也许你今天将你的电灯改成了节能灯，就为你的孩子们多擦干净了一平方米的天空。

　　我们总是要追求舒适的生活，但是如果你坐在舒适的汽车中，享用着大气为我们提供的最后的晚餐，却一点也没有意识到这是种罪恶的话，我们的地球、我们的自然、我们的大气环境就没有了明天。如果我们现在不在心里种下与大气和谐相处的种子，也许当明天我们的子孙们仰望天空的时候，将只留下愤恨与职责。所以，请所有看到这本书的人们，和我们挽起手来，共同去热爱自然，保护环境，亲近生命，为人与自然的和谐相处营造一个美好的氛围。

抚慰苍茫——地理

　　人类在自然界里跟动物、植物、微生物们有一个共同的居所，这个居所里包含了陆地、海洋、山脉、水系、大陆架、盆地等各种各样的地理形态，这个斑斓万千的自然小屋，为人类与朋友们的共存共生，提供了充足的能量和发展的动力，并且是地球生物圈的多样性的重要原因之一。

漂浮的"地基":大洲地形地质一览

地理,是研究地球表面的地理环境中各种自然现象和人文现象,以及它们之间相互关系的学科。我国对地理的研究,最早可以追溯到《易经》、《尚书·禹贡》和《山海经》,这是我国古代最早专门涉及地理研究的书籍,主要探索关于地球形状、大小有关的测量方法,或对已知的地区和国家进行描述。地理学其实是一门综合学科,它既包括了自然地理,也包括了人文地理、宇宙地理等,研究与人类有关的地理环境,以及地理环境与人类的关系。但是,本书所讲述的地理及相关知识,只是针对地理形态,是自然地理中的一部分,也就是我们口语中常说的"美丽景观"、"地质资源"等。

从宇宙中看到的地球表面

通常,建设一所可供居住的房子,首先是将注意力集中到它的地基。那么对于整个地球生态圈来说,它们的"地基"当然是承载地球各大地球板块了。以整个宇宙的标准来看,地球的表面是十分年轻的。在50亿年的短周期中,不断重复着侵蚀与构造的过程,地球的大部分表面被一次又一次地形成和破坏,基本形成了我们现在所认识的"地基"。当然,这个"地基"不是一整块,而是由几个实体板块构成,各自在热地幔上漂浮,形象些来描述,其实我们都生存在一块块漂浮在岩浆中的地球外壳上,并且这些漂浮的板块是运动着的，运动被描绘为两个过程：扩大和缩小。扩大运动中，两个板块向反方向运动，地壳中涌上来的岩浆形成新地壳。缩小发生时，两个板块相互碰撞，其中一个的边缘部分伸入了另一个的下面，在炽热的地幔中受热而被破坏，因此在板块分界处有许多断层。

　　目前，地球生态圈的"地基"共形成了八大板块：①亚欧板块，主要包括东北大西洋、欧洲及除印度外的亚洲；②北美洲板块，包括有北美洲；③南美洲板块，包括有南美洲及西南大西洋、西北大西洋以及格陵兰岛；④印度与澳洲板块，主要包含印度、澳大利亚、新西兰及大部分印度洋；⑤南极洲板块，包含南极洲；⑥沿海非洲板块，包括非洲、东南大西洋及西印度洋；⑦纳斯卡板块，含有东太平洋及毗连南美部分地区；⑧太平洋板块包含大部分太平洋。当然，承载整个生物圈的，除了我们通常认为的陆地，还有大洋的深处——海底。海底地貌类型复杂，有很深的海沟、面积广大的洋盆以及绵延的海岭等。

　　由于人类对于海洋的认识还很有限，对于海洋生物和海底地理的探索还只是冰山一角。因此，本书主要针对人类已知的陆地、湖泊、高山等地理进行描述和反思。接下来,我们对各大洲的地形作一介绍。

亚洲

所有的大洲中,亚洲山系最雄伟,平原最广阔,并且拥有世界上最大的半岛和最破碎而绵长的岛链,真可谓五彩斑斓,令人叹为观止!

喜马拉雅山

整个亚洲被分为五大定性区:①以阿留申群岛到印尼群岛间所组成的岛弧区,包括我们所熟悉的千岛群岛、日本群岛、琉球群岛以及我国台湾地区等;②亚洲北部的平原山区,这些平原和山区其实地形远比所描述的要复杂得多,其中包含西伯利亚山地、外兴安岭,最北到达科林斯基山脉,此外中部还包括西伯利亚高原和哈萨克高原,西部多为平原,地势低平;③东亚平原高原区,我国大部分地区和人口都集中在这个区域,这里主要包括松辽平原、华北平原、华南丘陵、黄土高原、内蒙古高原等;④亚洲西南高山高原区,这个区域以高原和连绵不绝的山脉居多,亚洲其他的山脉,基本上可以说都是这些山脉的延续,包括喜马拉雅山、阿尔泰山、天山、昆仑山、冈底斯山在内的七条山脉在这里盘桓不绝;⑤沿海半岛区域,主要包括大陆向大洋伸出的各大半岛，如朝鲜半岛、山东半岛、雷州半岛、马来半岛等。亚洲的地形千奇百怪，水系也不例外。

亚洲陆地广阔，气候温湿之区亦甚辽阔，陆上水系十分发达，分别沿南、东、北三个斜面，流入印度洋、太平洋及北极海，主要包含四个水系：太平洋水系（内含我国的长江、黄河、黑龙江等）；印度洋水系；北极海水系以及亚洲广阔内陆中所含有的内陆水系。这四大水系，构成了亚洲人类赖以生存的水源系统。

非洲

非洲大陆的面积仅次于亚洲，赤道横贯非洲，有3/4的面积为热带。从板块学说来看，非洲自古是和亚洲连在一起的。经研究，非洲陆块在地质上十分古老，非洲丰富的黄金、钻石、铜、铁、铬、锰等矿产及具有威力的铀矿，均与此古老的岩层有密切关系。

与亚洲地形的形态丰富不同，非洲地形以高原最多，超过60%的土地高于400米。南非东部的莱索托，向北至津巴布韦及赞比亚一带，高度在1200~2000米之内，安哥拉高原要更高一些，介于1000~1700米之间。非洲最著名的东非大裂谷成于前寒武纪，平均谷宽40~50千米，由谷岸至谷底深者可达千余米，连续积水形成许多湖盆，如维多利亚湖等。

东非大裂谷示意图

非洲最著名的高山是乞力马扎罗山，伫立在坦桑尼亚境内，为全洲最高峰。虽然非洲多高山，但是也存在很小比例的平原地带，比如西非尼日河三角洲和尼罗河三角洲，莫桑比克、索马里、肯尼亚及毛里塔尼亚等沿海平原。这些平原比较支离破碎，但也是孕育非洲人类文明的重要地域，现在受到人类的妥善保护。非

乞力马扎罗山是非洲最高的山脉

洲地处热带的区域较多，因此降雨量也很大，从而诞生了大量的水系，其中尼罗河是全球最长的水系，我们在下文中将予以重点介绍，此外还有尼日河、三比西河、刚果河和橘河等水系，注入大洋的不多，多为内陆河。

大洋洲

大洋洲，顾名思义，与海洋的关系比较大，地处地球南隅的大洋洲，最大的陆地就是澳大利亚，其次就是众多的岛屿。这些岛屿可分为三大岛群：玻利尼西亚经度180度以东海域的岛群概属之，如美国的夏威夷群岛、法属社会群岛、萨摩亚群岛、东加王国及图瓦卢等。玻利尼西亚即"多岛"之意。美拉尼西亚经度180度以西，赤道以南至南回归线间的岛群均属之，意为"黑人岛"。以新几内亚岛最大。密克罗尼西亚分布在经度180度以西，赤道以北的洋面上，意为"小岛"。各岛面积均小，多属珊瑚岛。

再来看以澳大利亚为主的大洋洲陆地，地形可分三区：东部高地澳洲东部沿海由北向南有一条大分水山脉，一般高千余米，东坡较陡，西坡平缓。最高的是柯秀斯科峰。中部低地北起卡奔塔利亚湾向南经艾尔湖盆地

及墨累河谷地，地势低平，迄今还遗有不少内陆湖泽。西部高原澳洲西半部概属本区，高原西部多山，高原之上多沙漠，北有大沙地沙漠，南有大维多利亚沙漠，中有吉布生沙漠。这些荒漠名为沙漠，实际上绝少流沙及尘土，主要为光秃、大片的石床，是真正的石漠。

澳大利亚地图

欧洲

欧洲人口密度大，与它的地形多以平原为主很有关系。欧洲的地形平原甚多，久经开垦，是居民生聚之所。虽有一些山脉，所幸并非十分高峻，不致构成地形的障壁，隔绝人类的活动。

欧洲好像是亚洲的一个半岛，三面临海，只有东部紧连着亚洲大陆。因此欧洲西部距海最远的地方，不超过700千米，东部距海最远的地方，不超过1500千米。这也是近代欧洲的经济文化迅速发展的原因之一。欧洲东部，即东欧平原，或称俄罗斯平原，地形平坦。欧洲西部则比较复杂，但基本上的地势是南高北低的。最显著的特点，是南部的阿尔卑斯山形成一个山汇。北部则裸露着一片大平原，叫北欧平原，它横贯法国、比利时、荷兰、德国、丹麦、波兰等国。在欧洲北部有着一个面积广大的斯堪的纳维亚半岛，在半岛的脊骨上，纵走着基阿连山脉，形成了挪威高原，再越过北海，形成了大不列颠群岛。

欧洲和亚洲一样，南部也有三个半岛：伊比利亚半岛、亚平宁半岛和巴尔干半岛。欧洲有几个著名的海峡，如与非洲相隔的直布罗陀海峡，与亚洲相对的博斯普鲁斯海峡及达达尼尔海峡，英国、法国间的英吉利海峡，其最狭窄的道维尔海峡宽33千米。

阿尔卑斯山

海水把欧洲割切得非常厉害，形成了很多岛屿和半岛，占总面积1/3以上，所以欧洲有几个著名的海峡，如与非洲相隔的直布罗陀海峡、博斯普鲁斯海峡以及为我们所熟知的英吉利海峡。比起欧洲地形的单一来说，欧洲的水系就比较稠密且多样了，多以短小而水量丰沛的河流为主。不少河流之间有运河连接，直接流入大西洋的河流超过了半数，还有部分注入北冰洋，注入里海的内陆河也相当多，主要河流有多瑙河、乌拉尔河、第聂伯河、顿河、莱茵河、泰晤士河等。欧洲湖泊众多，且是一个多小湖群的大陆，但分布很不均匀，主要分布在北部和阿尔卑斯山地区。

北美洲

北美洲地图

北美洲大陆东、西部高，中部低，东、西部山脉呈倒八字形排列、南北延伸，形成以三大纵列带为特征的地形结构。东带是古老的褶皱山脉——阿巴拉契亚山脉北起纽芬兰岛，呈东北—西南向延伸2000多千米。久经侵蚀，由一些海拔平均1000米左右的平行山脉和波状起伏的高地组成，自东向西具有岭谷相间的分布特征。主要形成于古生代加里东和海西运动期。西带是高大的科迪勒拉山系，从阿拉斯加向南延伸到中美洲地峡，并经加勒比海海底山岭伸入安的列斯群岛，是由一系列山脉和山间高原、盆地、谷地组成的年轻褶皱山系。山体高大、绵长而宽广，一般海拔2000～3000米，长约5000千米，平均宽800千米，最宽处达1600千米。

落基山为山系东部的山脉主体，呈北西—南东向的条带状山脉，地势高、面积广。山系西部山地分内外两带，内带从北向南包括阿留申山脉、阿拉斯加山脉、加拿大海岸山脉、喀斯喀特—内华达山脉和加利福尼亚山脉等；外带北自阿拉斯加南面的科迪亚克岛起，南至加利福尼亚半岛，由一系列断续相连的海岛山脉和海岸山脉组成。西带中西部之间为山间高原、盆地带，自北而南有育空高原、不列颠哥伦比亚高原、哥伦比亚高原、大盆地、科罗拉多高原和墨西哥高原等。西带主要形成于中生代后半期至第三纪，现仍在活动中。东西两带之间的广大地区是劳伦辛低高原和中部平原地带，北起北冰洋沿岸和哈得孙湾，南至墨西哥湾沿岸。前者构造基础是加拿大地盾，地势不高，多在海拔200~450米，后者发育于北美洲中部地台，地势坦荡。

北美洲水资源丰富，是全球湖泊最多的大陆。美国、加拿大边境有苏必略湖、密西根湖、休伦湖、伊利湖和安大略湖共同组成的五大湖区，此外加拿大境内有大熊湖、大奴湖、亚大巴斯卡及温尼伯湖等。由于北美洲地势西北较高，因此北美洲水系中各大河流由内陆向四方作辐射状流路。北美大陆最长的河流是密苏里河，第二条长河为马更些河，此外还有阿沙巴士卡河、育空河、圣罗伦斯河。

南美洲

南美洲大陆地形可分为三个南北向纵列带，南美全洲轮廓如倒三角形。其西部为狭长的安第斯山，东部为波状起伏的高原，中部为广阔平坦的平原低地。南美洲海拔300米以下的平原约占全洲面积的60%，海拔3000米之间的高原、丘陵和山地约占全洲面积的33%，海拔3000米以上的高原和山地约占全洲面积的7%。全洲平均海拔600米。

安第斯山脉由几条平行山岭组成，山体最宽处达400千米，全长约9000千米，大部分海拔3000米以上，是世界上最长的山脉，也是世界最高大的山系之一。安第斯山脉有不少高峰海拔6000米以上，其中阿空加瓜山海拔6960米，是南美洲最高峰。南美洲东部有宽广的巴西高原、圭亚那高原，其中巴西高原面积达500多万平方千米，为世界上面积最大的高原。南部则有巴塔哥尼亚高原。

　　南美洲平原自北而南有奥里诺科平原、亚马孙平原和拉普拉塔平原。其中亚马孙平原面积约560万平方千米，是世界上面积最大的冲积平原，地形坦荡，海拔多在200米以下。

　　南美洲是世界上火山较多、地震频繁且多强烈地震的一个洲。科迪勒拉山系是太平洋东岸火山带的主要组成部分，安第斯山脉北段有16座活火山，南段有30多座活火山。尤耶亚科火山海拔6723米，是世界上较高的活火山。地震以太平洋沿岸地区最为频繁。

　　南美洲水系以科迪勒拉山系的安第斯山为分水岭，东西分属于大西洋水系和太平洋水系。太平洋水系源短流急，且多独流入海。大西洋水系的河流大多源远流长、支流众多、水量丰富、流域面积广。其中，亚马孙河是世界上最长、流域面积最广、流量最大的河流之一，其支流超过1000千米的有20多条。南美洲水系内流区域很小，内流河主要分布在南美西中部的荒漠高原和阿根廷的西北部。南美洲除最南部外，河流终年不冻。南美洲多瀑布，安赫尔瀑布落差达979米，为世界落差最大的瀑布。南美洲湖泊不多，安第斯山区的荒漠高原地区多构造湖，如的的喀喀湖、波波湖等；南部巴塔哥尼亚高原区多冰川湖；内流区多内陆盐沼。南美洲西北部的马拉开波湖是最大的湖泊。

此外，地球的南端还有一块大陆——南极。南极洲高度甚大，地势起伏，高原和高山很多，西部属褶曲地形，是南美洲西部大褶曲山脉带的延长。埃尔斯沃思山脉分布于南极洲西南，南极洲最高峰是文森山。关于南极的水系，曾经科学家们认为，南极大陆温度过低，在这个荒原的下面不可能存在液态水。但自20世纪60年代以来，带有功能强大雷达装置的危险和飞行器已经在厚厚的冰盾的数千米下发现越来越多的湖泊。到目前为止已经发现了150个这样的湖泊，这样的湖泊的数量预计可达到数千个。南极最大的地下水体被称为沃斯托克湖，长250千米，宽40千米，深400米。

浓妆淡抹总相宜：地球地质之最

地球上最低的地方——死海

地球表面的最低点是死海。那里的水面平均低于海平面约 400 米。死海是一个内陆盐湖，位于以色列和约旦之间的约旦谷地。死海地沟的最低部，是东非大裂谷的北部延续部分。这是一块下沉的地壳，夹在两个平行的地质断层崖之间。西岸为犹太山地，东岸为外约旦高原，约旦河从北注入。死海长 80 千米，最宽处为 18 千米，表面积约 1020 平方千米，最深处为 400 米。

死海位于沙漠中，降雨极少且不规则。利桑半岛年降雨量为 65 毫米。冬季气候温暖，夏季炎热。湖水年蒸发量平均为 1400 毫米，因此湖面往往形成浓雾。湖面水位有季节性变化，在 30～60 厘米之间。

死海水含盐量极高，且越到湖底越高。最深处有湖水已经化石化（一般海水含盐量为 35‰，而死海的含盐量在 230‰～250‰。表层水中的的盐分每升达 227～275 克，深层水中达 327 克）。由于盐水浓度高，游泳者极易浮起。湖中除细菌外没有其他动植物。涨潮时从约旦河或其他小河中游来的鱼立即死亡。岸边植物也主要是适应盐碱地的盐生植物。死海是很大的盐储藏地。死海湖岸荒芜，固定居民点很少，偶见小片耕地和疗养地等。

世界最高峰——珠穆朗玛峰

世界最高的山峰，海拔8848.13米，位于我国西藏与尼泊尔交界处的喜马拉雅山脉中段。山体主要由结晶岩系构成。冰川规模大，约有冰川600多条，面积达1600平方千米。这是低纬度地区现代冰川作用中心。冰舌的中上游普遍发育有高大的冰塔，为珠穆朗玛峰地区山谷冰川的特殊形态。

珠穆朗玛峰的北部、东部和西南部均有大型冰斗，使珠峰成为高出冰斗底部达3000米的金字塔形大角峰。在珠峰北坡，海拔7450米处为冰雪和岩石的交界线，其下冰雪皑皑，上部因崖壁陡峭，风力强劲，冰雪无法积存而岩石裸露。

峰顶常为云雾笼罩，似以珠峰为旗杠而自西向东飘动的旗帜，这是珠峰特有的气象现象，人称旗云。1718年清朝标记为朱母朗玛阿林，1855年英国人命名为埃佛勒斯峰，1952年我国政府更名为珠穆朗玛峰。1953年5月29日英国两名探险队员首次从尼泊尔境内的南坡登顶成功。1960年5月25日中国登山队首次从北坡登顶成功。1975年5月27日中国登山队再次成功登顶，并在主峰顶竖起觇标，首次获得了珠穆朗玛峰高度的精确数据。1988年5月，中国、日本和尼泊尔运动员实现了从南、北坡登顶跨越珠峰的壮举。1989年国家建立珠峰自然保护区，面积达3000平方千米。

世界最长的河——尼罗河

尼罗河纵贯非洲大陆东北部，流经布隆迪、卢旺达、坦桑尼亚、乌干达、埃塞俄比亚、苏丹、埃及，跨越世界上面积最大的撒哈拉沙漠，最后

注入地中海。流域面积约335万平方千米，占非洲大陆面积的1/9，全长6650千米，年平均流量3100立方米/秒，为世界最长的河流。

尼罗河流域分为七个大区：东非湖区高原、山岳河流区、白尼罗河区、青尼罗河区、阿特巴拉河区、喀土穆以北尼罗河区和尼罗河三角洲。最远的源头是布隆迪东非湖区中的卡盖拉河的发源地。该河北流，经过坦桑尼亚、卢旺达和乌干达，从西边注入非洲第一大湖维多利亚湖。尼罗河干流就源起该湖，称维多利亚尼罗河。河流穿过基奥加湖和艾伯特湖，流出后称艾伯特尼罗河，该河与索巴特河汇合后，称白尼罗河。另一条源出中央埃塞俄比亚高地的青尼罗河与白尼罗河在苏丹的喀土穆汇合，然后在达迈尔以北接纳最后一条主要支流阿特巴拉河，称尼罗河。尼罗河由此向西北绕了一个S形，经过三个瀑布后注入纳塞尔水库。河水出水库经埃及首都进

入尼罗河三角洲后，分成若干支流，最后注入地中海东端。

尼罗河有定期泛滥的特点，在苏丹北部通常 5 月即开始涨水，8 月达到最高水位，以后水位逐渐下降，1～5 月为低水位。虽然洪水是有规律发生的，但是水量及涨潮的时间变化很大。产生这种现象的原因是青尼罗河和阿特巴拉河，这两条河的水源来自埃塞俄比亚高原上的季节性暴雨。尼罗河的河水 80% 以上是由埃塞俄比亚高原提供的，其余的水来自东非高原湖。洪水到来时，会淹没两岸农田，洪水退后，又会留下一层厚厚的河泥，形成肥沃的土壤。四五千年前，埃及人就知道了如何掌握洪水的规律和利用两岸肥沃的土地。很久以来，尼罗河河谷一直是棉田连绵、稻花飘香。在撒哈拉沙漠和阿拉伯沙漠的左右夹持中，蜿蜒的尼罗河犹如一条绿色的走廊，充满着无限的生机。

世界最大的内陆湖——里海

里海是世界最大的内陆湖，位于辽阔平坦的中亚西部和欧洲东南端，西面为高加索山脉。整个海域狭长，南北长约 1200 千米，东西平均宽度 320 千米。面积约 386400 平方千米，比北美五大淡水湖加在一起还要大出 1 倍多。里海湖岸线长 7000 千米。有 130 多条河注入里海，其中伏尔加河、乌拉尔河和捷列克河从北面注入，3 条河的水量占全部注入水量的 88%。里海中的岛屿多达 50 个，但大部分都很小。海盆大体上为北、中、南三个部分。

最浅的为北部平坦的沉积平原，平均深度为 4～6 米。中部是不规则的海盆，西坡陡峻，东坡平缓，水深 170～788 米。南部凹陷，最深处达 1024 米，整个里海平均水深 184 米，湖水蓄积量达 7.6 万立方千米。海面年蒸发量达 1000 毫米。数百年间，里海的面积和深度曾多次发生变化。里海为沿岸各国提供了优越的水运条件，沿岸有许多港口，有些港口与铁路相连系，火车可以直接开到船上轮渡到对岸。

世界最大的盆地——刚果盆地

刚果盆地位于非洲中部，大部分在刚果民主共和国境内，小部分在刚果共和国境内。面积为337万平方千米，是世界上最大的盆地。盆地南北均为高原，东部为东非大裂谷，缺口在西部即刚果河下游和河口地段。赤道线从盆地中部通过。

刚果盆地包括了刚果河流域的大部分，平均海拔400米，有大片沼泽。周围的高原山地海拔超过1000米。刚果河的许多支流都到盆地内汇进干流，因此，这里水系发达。盆地气候属于热带雨林气候，年平均气温25℃～27℃，降水量1500～2000毫米以上。这里是一片郁郁葱葱的热带森林，有多种珍贵树种和热带作物。盆地边缘矿产丰富，盆地中水资源充沛，因此，人们称刚果盆地为"中非宝石"。

世界最大洋——太平洋

太平洋南起南极地区，北到北极，西至亚洲和澳洲，东界南、北美洲。约占地球面积的1/3，是世界上最大的大洋。其面积不包括邻近属海，约为1.65亿万平方千米，是第二大洋大西洋面积的2倍，水容量的2倍以上。面积超过包括南极洲在内的地球陆地面积的总和。平均深度（不包括属海）为4280米。

西太平洋有许多属海，自北向南为白令海、鄂霍次克海、日本海、黄海、东海和南海。东亚大河黑龙江、黄河、长江、珠江和湄公河均经属海注入太平洋。西经150度以东的洋底较西部平缓。西太平洋水下600米以上的海脊在有些地方形成群岛。自西北太平洋的阿留申海脊向南延伸到千岛、小笠原、马里亚纳、雅浦和帕劳；自帕劳向东延伸至俾斯麦群岛、所罗门群岛和圣克鲁斯；最后由萨摩亚群岛向南至东加王国、克马德克群岛、查塔姆群岛和麦夸里岛。

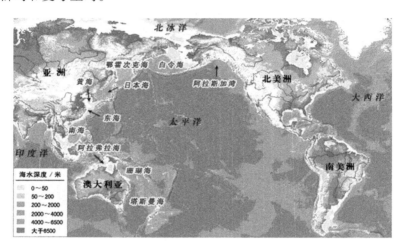

由于北部陆地与海洋的比例高于南部，以及南极洲陆地冰盖的影响，北太平洋的水温高于南太平洋。赤道附近无风带和变风带海水的含盐量低于信风带。对太平洋垂直海流影响最大的是南极大陆周围生成的冷水。极地周围密度大的海水下沉，然后向北蔓延构成太平洋大部分底层。深层冷水在西太平洋以比较鲜明的洋流自南极洲附近向北流往日本。该深海主流的支流以携冷水流向东然后在两半球均流向极地。深海环流受邻近洋流会聚区表层海水下沉的影响。在太平洋热带会聚区分别在南北纬35～40度之间，距赤道越远海水下沉的深度越大，最重要的会聚区在南纬55～60度之间。

世界最大的沙漠——撒哈拉沙漠

北非高原的绝大部分称为撒哈拉沙漠，但真正的沙地只占全部面积的1/5。沙漠之外，还有砾漠和石漠。这三种地形呈镶嵌式分布。

撒哈拉沙漠几乎包括整个北非，西临大西洋，北接阿特拉斯山脉和地中海，东濒红海，南连萨赫勒（萨赫勒是一片半沙漠的干草原过渡地带，满布荆棘和灌木）。西撒哈拉、摩洛哥、阿尔及利亚、突尼斯、利比亚、埃及、毛里塔尼亚、马里、尼日尔、乍得和苏丹等11个国家分布在这一地区。

这里的地形特点是：季节性泛滥的浅盆地和大片绿洲低地；广阔的多石平原；布满岩石的高原；陡峭的山脉；沙滩、沙丘和沙海。土壤一般有机物质含量少，不适宜生物成长，洼地的土质经常含盐。在约500万年前，这里已成为气候性沙漠。此后，时而干燥，时而潮湿。目前沙漠主要分两个气候区。北部为干燥亚热带气候，其季节性气候变化和每日的温差均极大。降水主要集中在冬季，但在某些干燥地区，夏季常见骤发洪水。春天常有来自南方的热风，夹有沙土。南部为干燥的热带气候，冬季常有来自东北的风沙。

撒哈拉很多广阔地区内没有人迹，只有绿洲地区有人定居。植物主要为各种草本植物、椰枣、柽柳属植物和刺槐树等，动物有野兔、豪猪、瞪羚、变色龙、眼镜蛇等。这里富有金属矿、石油、地下水，然而因交通不便限制了开发。

世外桃源的结局：濒临消失的地质景观

如果说真的存在造物主，那么它的灵感一定就快要消失了，因为我们身边的地质奇观和地理美景在慢慢走向消亡。如果没有造物主，那么造成这种后果的唯一原因，只能是人类自己。如果明天我们还没有觉醒，那么请记住这些下面这些奇景，因为它们即将淡出我们的视野。

月牙泉

"就在天的那边很远很远有美丽的月牙泉，她是天的镜子沙漠的眼，星星沐浴的乐园……"一曲《月牙泉》撩起了多少人对敦煌和月牙泉的向往。月牙泉，位于甘肃敦煌西南 5 千米处，其形状酷似一弯新月，素有"中国沙漠第一泉"之称。据文献记载，月牙泉四面环山，"沙水共生、山泉共处"，泉水不为黄沙掩盖，堪称沙漠奇观。两千多年来，尽管风沙肆虐，月牙泉依然碧水粼粼。

如今，由于特殊的地理位置及人类不合理的生产活动等综合原因，月

牙泉水位的下降，使月牙泉逐年萎缩，月牙泉已大不如前。有关专家曾预测，2015 年，月牙泉将从我们人类的眼皮底下消失，这绝不是危言耸听。月牙泉只是敦煌生态恶化的一个缩影，世界文化遗产莫高窟正受风沙侵蚀，敦煌绿洲已被三大沙漠形成合围之势。

举世闻名的甘肃敦煌月牙泉在 20 世纪 50 年代时，水域面积约 13340 平方米，深 7 米；60 年代，泉水清澈明丽，深 6 米；70 年代，泉水足以灌溉农田，但水位已开始下降；80 年代，水位比 1960 年下降了 6 米。

月牙泉自古以来被认为是敦煌的眼睛。有关专家认为，如果月牙泉消失，将直接导致当地自然环境和旅游环境恶化，保护月牙泉迫在眉睫。

2002 年，敦煌启动封井工作，关闭月牙泉周边的所有自备机井；2006 年，敦煌开始"引哈济党"工程，总投资约 11.6 亿元人民币；2007 年，甘肃斥巨资 4009 万建设月牙泉水位应急治理工程。

"一方水土养一方人，一方人也养一方水土。"多年来，敦煌治理监督局带领民众，节水封井、淘沙清淤、河水渗灌。据估计，月牙泉水位下降应急治理工程实施后，月牙泉的地表水回灌量将达 2500 立方米/日，地下水回灌量达到 7000 立方米/日；"引哈济党"项目建成后，月牙泉水位下降的问题将彻底被解决。

紫蝶幽谷

早在小学的课本中，我们就领略过我国宝岛台湾的日月潭风光和蝴蝶谷的旖旎。儿时脑海中的蝴蝶谷，其实有个美丽的学名"紫蝶幽谷"。这个蝴蝶们的世外桃园，地处台湾南部高雄茂林、屏东大武等地，是紫斑蝶越冬栖息的地方，规模仅次于墨西哥帝王蝶谷，为傲视全球的世界级奇观。

台湾产的紫斑蝶每年冬季

聚集在南台湾几处山谷中避寒，蝴蝶大群从生长地，分海线和山线两路南下。最后在严冬之前，汇集到它们向往的目的地紫蝶幽谷。紫斑蝶大群集结之后，如果没被人骚扰，将不吃不喝，静静地越冬数个月，等待着明年春天的来临。以高雄茂林的紫蝶谷来讲，维持在 20 万 ~ 40 万只，密密麻麻地挂在树上、停在溪畔，阳光照射在它们身上，翅膀鳞片便会闪耀出紫色光彩。入春后，当温暖的阳光照进山谷，蝶群开始散开、各自寻找伴侣进行交配。一时，紫蝶幽谷附近的山林，到处都是成双成对的幸福伴侣。待交配完毕，它们又在不知不觉中分散。诺大的紫蝶幽谷，也随之消失得无影无踪。

紫蝶幽谷的神奇景色令人惊叹，被当地鲁凯人、排湾人将紫斑蝶视为图腾。但是，长久以来，人类贪婪地捕捉紫斑蝶，并且在发展中肆意破坏它们的生存环境，使得紫蝶幽谷受到了很大的破坏。据专家估计，如果不采取保护措施，紫蝶幽谷的生态现象将在 2100 年前后消失。

乞力马扎罗山的雪顶

乞力马扎罗山是非洲的最高山，素有"非洲屋脊"、"非洲之王"之称。当你在非洲旅游习惯了热带大草原的金黄色系以后，会被坦桑尼亚草原上海市蜃楼般的一缕银白震惊。是了，那就是非洲第一山——乞力马扎罗山的雪顶。

在乞力马扎罗山乌呼鲁峰顶有一个直径 2400 米、深 200 米的火山口，内壁是晶莹无瑕的巨大冰层，底部耸立着巨大的冰柱，冰雪覆盖，宛如巨大的玉盆，形成乞力马扎罗山的的"银色帽子"。著名作家海明威为此写道："她高大、雄伟，令人炫目地矗立在阳光下。"

这里是旅行者的天堂，是朝圣者虔诚向往的胜地。但是如今，由于人类对自然的破坏，包括全球变暖、乱砍滥伐等诸多因素导致这座非洲最高峰山顶的终年积雪不断消融，尽管在有的季节时有飘雪，但山顶的积雪已经快速地融化一个多世纪了。从 1912 年至 2000 年，4/5 的冰雪已消失。而且目前冰雪仍然在难以抑制的消失中，科学家预言，在未来的 15 年内，我们的非洲雪帽将消失殆尽。现在，全世界对此都关注起来，科学家们甚至提出了给乞力马扎罗山盖上塑料顶棚的提议。

马尔代夫群岛

香港动画电影《麦兜的故事》里，麦兜最向往的地方——马尔代夫群岛，蓝天、阳光、碧海、银沙，那里是人间仙境，那里是域外天堂，多少人向往着，在马尔代夫的沙滩上散步，在那碧海中畅游，在高脚小屋上看远处的海豚嬉戏。整个马尔代夫群岛共有 1000 多个珊瑚礁岛屿，全国平均海拔却只有 0.9 米，许多度假饭店都将客房建在沙滩海面上，一打开房门就可以直接跳入温暖的海水中，与热带鱼徜徉宁静美丽的湛蓝大海。

马尔代夫的这些岛屿是怎么形成的说法仍然不确定。根据达尔文发表于 1842 年的关于岛屿形成的理论研究，这个岛屿开始只是一连串的火山，周围被珊瑚礁围绕着。在火山塌陷，海平面在最后的冰河时代结束时开始上升，它们逐渐被淹没，最后只留下珊瑚礁。这些开始不断上升以保持温暖，最后形成了环状珊瑚岛包围着浅浅的潟湖。随着时间的推移，珊瑚的碎片和沙堆积在了珊瑚的周围形成了低洼的岛屿。现在，26 个这样的环状珊瑚岛构成了马尔代夫 1196 个的岛屿。其中 200 个适宜人们长期居住。

如今，这些童话般的景观会渐渐离我们远去，而成为历史书的一节了。由于温室效应，全球变暖，南北极的冰雪慢慢消融，使得印度洋水位逐渐

上涨。专家们预言，如果地球环境持续暖化，马尔代夫在百年内终将被海水灭顶，成为另外一个"消失的亚特兰提斯"。现在，就连马尔代夫当地人也对自己家园的继续存在不抱任何信心，而是寻找其他可以生存居住的国家。

咸海

在人类的很长一段时间内，位于在哈萨克斯坦和乌兹别克斯坦这两个国家之间的咸海，号称世界第四大湖泊，面积将近 7 万平方千米。这里曾经是美丽、富饶的地方，咸海和同样是咸水湖泊的"死海"不一样，咸海内有丰富的鱼类资源，曾经大大小小的渔船在咸海的滔天大浪里乍隐乍现，岸边的各族人民幸福的享用着上天赐予他们的礼物。

然而好景不长，人类的贪婪又一次葬送了自然的馈赠。1960 年前后，苏联的一个工程，计划将河水改道，流入农田，以灌溉农作物。这个巨大工程的结果是，咸海的水源改道，不再注入咸海。从此，咸海除了依靠少得可怜的降水，就不再有进项的水路了。自那时到现在，咸海每年水平面下降 14 米以上。现在面积已经不到最初面积的 10%。原来咸海每升湖水中含盐量为 9 克，而现在是 22.5 克。

此外，周围国家的人类由于使用大量的杀虫剂和其他化学品，并将其排入湖底，不但咸海自身遭受巨大伤害，人类自身也遭到了报复。咸海中的鱼类资源在此后的岁月里竟然损失殆尽，有部分可怜的鱼类竟然是活活

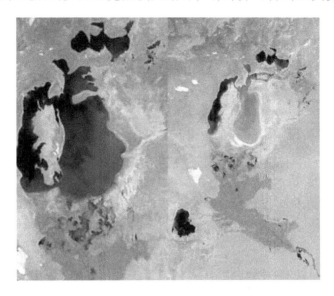

左半图为 1998 年的咸海；右半图为 2002 年的咸海

给咸死的！周围的人们不但失去了巨大的经济来源，他们对湖泊的化学污染，也被大自然以其人之道，还治其人之身：咸海周围近 1/10 的新生婴儿竟然出现了相关病状和畸形。

地球之怒：各种地质灾害

2008年5月12日，我国的四川地区发生了8.0级的大地震，当时的惨烈令我们记忆犹新，也让所有的人们开始认真思考一个问题：是不是到了人类应该开始反思自己，寻求与自然和谐共存之道的时候了？不错，自古以来，人类敬畏自然、亲近自然、开发自然，希望在自然的怀抱中和谐生存，但是人类的自私与短视，使得我们在与自然的相处中，不断地对自然造成各种各样的伤害，有些伤害是不可逆的，难以令自然原谅，从而招致了自然的无情惩罚。

当然，地质灾害发生的原因有很多种，由于自然运动变异而产生的地质灾害叫做自然地质灾害，而由于人类的行为而诱发的地质灾害则称人为地质灾害。但是总体来看，人类作为地球的主人，无论如何都与各种自然灾害脱不了干系，即便是自然诱因的地质灾害，也都间接地联系到人类的行为。既然我们犯了错误，就要勇敢面对自然的惩罚，了解地质灾害，是我们避免重大损失，同时也是力求解决之道的前提之一。

通常地质灾害的定义是：指在自然或者人为因素的作用下形成的，对人类生命财产、环境造成破坏和损失的地质作用或者现象。如崩塌、滑坡、泥石流、地裂缝、地面沉降、地面塌陷、岩爆、坑道突水、突泥、突瓦斯、煤层自燃、黄土湿陷、岩土膨胀、砂土液化、土地冻融、水土流失、土地沙漠化及沼泽化、土壤盐碱化，以及地震、火山、地热害等。我们挑选其中对我们伤害最大和最危险的三种来加以了解。

地震

地震排名第一，完全是由于我们近年来受到它的伤害实在太大了，不单单是我国，世界其他各个国家和地区，如土耳其、意大利、印度、日本、俄罗斯等等都在近年发生了级别不等的地震，给各国人民造成了莫大的经济损失和精神伤害。其实在地震的诱因中，人类的百分比并不见得比较高，但是作为自然界的一个重要环节，人类无论在诱因还是承受者上，都是无可非议的首当其冲。人类在生存和发展中，大肆地开采地球矿产，疯狂掠夺地下水资源，将起到固守土地作用的树木连根拔起等行为，都直接或者间接地与地震的发生产生了联系。为此，人类也遭受了对自己行为的惩罚。

地震一般发生在地壳之中。地壳内部在不停地变化，由此而产生力的作用（即内力作用），使地壳岩层变形、断裂、错动，于是便发生地震。大地振动是地震最直观、最普遍的表现。在海底或滨海地区发生的强烈地震，能引起巨大的波浪，称为海啸。地震是极其频繁的，全球每年发生地震约550万次。地震发生时，最基本的现象是地面的连续振动，主要是明显的晃动。极震区的人在感到大的晃动之前，有时首先感到上下跳动。这是因为地震波从地内向地面传来，纵波首先到达的缘故。横波接着产生大振幅的水平方向的晃动，是造成地震灾害的主要原因。

地震后的惨烈景象

地震对自然界景观也有很大影响。最主要的后果是地面出现断层和地裂缝。大地震的地表断层常绵延几十至几百千米，往往具有较明显的垂直错距和水平错距，能反映出震源处的构造变动特征，如浓尾大地震、旧金山大地震。在现代化城市中，由于地下管道破裂和电缆被切断造成停水、停电和通讯受阻。煤气、有毒气体和放射性物质泄漏可导致火灾和毒物、放射性污染等次生灾害。在山区，地震还能引起山崩和滑坡，常造成掩埋村镇的惨剧。崩塌的山石堵塞江河，在上游形成地震湖。1923年日本关东大地震时，神奈川县发生泥石流，顺山谷下滑，远达5千米。从空间上看，地震的分布呈一定的带状，称地震带，主要集中在环太平洋和地中海—喜马拉雅山两大地震带。太平洋地震带几乎集中了全世界80%以上的地震。

20世纪以来，全球多处发生大地震。1960年5月22日智利大地震达到了8.9级并引发海啸及火山爆发。此次地震共导致5000人死亡，200万人无家可归。此次地震为历史上震级最高的一次地震。1964年3月28日，美国阿拉斯加发生大地震里氏8.8级。此次引发海啸，导致125人死亡，财产损失达3.11亿美元。阿拉斯加州大部分地区、加拿大育空地区及哥伦比亚等地都有强烈震感。1950年8月15日，我国的西藏地区发生了里氏8.5级，2000余座房屋及寺庙被毁。此外，还有俄罗斯大地震印度尼西亚大地震、俄罗斯千岛群岛大地震等地震都对人类造成了巨大损失。当然，最令我们痛心的当属2008年我国四川地区发生的地震了，这次地震给我们造成的创伤，需要十几年甚至几十年的时间来弥补。

泥石流

泥石流通常发生在山区以及与之毗邻的地方。泥石流的形成，主要是由于降水，或是冰雪消融和水系溃坝等形成的水流，造成山谷中积存的松散岩土体向下游开阔地倾泻的一种突发性洪流，又称山洪泥流。

根据它的形成原因，泥石流分为冰川型泥石流、暴雨型泥石流、融雪型泥石流、暴雨—融雪型泥石流、地震型泥石流、火山喷发型泥石流等，当然，科学上还有其他的分类方法，各有所长。如果说地震诱因中人的因素还算不上太多，那么泥石流这种地质灾害，很大程度上都是人类行为造成的。主要原因有：

（1）滥伐乱垦，这种行为会使植被消失，山坡失去保护、土体疏松、冲沟发育，大大加重水土流失，进而山坡的稳定性被破坏，崩塌、滑坡等

不良地质现象发育，结果就很容易产生泥石流。在我国的陕北地区，大片的黄土高坡就是失去了绿色的外衣，每年有大量的泥沙随着水流进了黄河，这也是黄河泥沙含量大的主要原因。

（2）不合理的开挖行为，包括人类在修建道路、水渠等工程中，对山体造成的伤害，这种伤害容易造成山体的松垮，泥石流伴随而来。1972年，我国云南省东川至昆明的公路爆发泥石流，就是修建公路滥挖山体造成的。

（3）不合理的采矿和弃土、渣。这种人类行为我们见到的更多，人类为了经济利益，对富含矿产的地区乱挖乱弃，使得那些地区如同被白蚁掏空了一样，这样的行为，怎能不导致自然的报复？

泥石流和地震一样，通常来势凶猛，难以预测，又都发生在雨夜，并兼有崩塌、滑坡和洪水破坏的双重作用，给防治和救援工作都带来了巨大的困难。

泥石流造成的伤害巨大，首先是冲进乡村、城镇，摧毁房屋、工厂、企事业单位及其他场所设施，淹没人畜、毁坏土地，甚至造成村毁人亡的灾难。如1969年8月，云南省大盈江流域弄璋区南拱泥石流，使新章金、老章金两村被毁，97人丧生，经济损失近百万元。其次是冲毁人类交通，导致联系中断。再次是对供电、电信、矿产等造成巨大冲击。

泥石流在全世界都有发生，其中最频发的地区是欧洲阿尔卑斯山区、南北美洲太平洋沿岸山区、亚洲喜马拉雅山区等，这些地区都是人类开发较为严重的地区，足以说明了这种自然灾害是人类自己种下的恶果。

地面沉降

从地震到泥石流，再到地面沉降，人类的责任关系越来越重。地面沉降，顾名思义，就是人类得以生存、活动的地壳在不断下降，科学严谨的定义是指在一定的地表面积内所发生的地面水平降低的现象。

这种地质灾害的发生，人类没有一点点理由来推脱，因为它完全是由于人类的行为造成的，比如人工抽水、矿坑排水、水库蓄水、引水、灌溉和给排水工程等行为，以及受到各种自然或人为的动力因素的作用的其他诱因也在研究之中。地面沉降是最直观、最接近我们生活的地质灾害。

通常情况下，人类发现的地面沉降现象，就是出现地裂缝。地面沉降比较均匀时，其破坏性显得不那么突然，而不均匀时，就容易出现地裂缝。如果建筑物正好在这个地裂缝上，又不是钢筋混凝土浇铸的，墙体就容易裂开，存在较大的安全隐患。1891 年，墨西哥城最先记录了这一现象。

　　之后，全球有 50 多个国家和地区发生了地面沉降。1981 年，日本有 59 个地区沉降明显。目前美国的大部分地区都发生了地面沉降，有些地区还相当严重。美国已经有遍及 45 个州超过 44030 平方千米的土地受到了地面沉降的影响，由此造成的经济损失更是惊人。仅在美国圣克拉拉山谷，由地面沉降所造成的直接经济损失，在 1979 年大约为 1.31 亿美元，而到了 1998 年则高达 3 亿美元。造成这一灾害的主要原因是由于含水层的压实、有机质土壤的疏干排水、地下采矿、自然压实、溶坑以及永冻土的解冻等。

　　我国已经陆续发现具有不同程度的区域性地面沉降的城市有 30 多座。可能还有一些城市虽已发生沉降，但因没有进行全国性的全面的城市精密测量，所以不能给出沉降城市的准确数字。其中较为严重的包括上海、天津、北京、西安在内的城市，地面沉降的解决，已经到了刻不容缓的地步。

　　以上向读者介绍了最危险最直观的地质灾害，其实我们身边的危险的灾害还有很多种，包括火山喷发、滑坡、土地沙漠化等多种灾害都在伺机报复人类，可以说，人类早已经到了自我反省和自我救赎的地步了。我们经历了一次次自然的惩罚后，还在时刻不停地为自己营造下一次的灾难。我们衷心地希望人类能够正视地质灾害，所有人团结一心，从身边做起，敬畏自然，为以往错误的行为赎罪。

永不停歇的使命：谈谈地质环境保护

　　茫茫宇宙，地球是人类迄今所知的唯一家园。当人类降生在这个地球上的时候，曼妙的大自然早已为我们准备好了礼物——美丽的地质环境。那些名山大川、奇石彩洞、飞瀑流泉和深谷幽潭等自然景观，使大地呈现出一幅极其复杂的"镶嵌"图案，无一不是自然的精雕细琢，无一不是地球永远的档案。当然，地球丰饶的自然资源和多姿多彩的自然景观除了为我们带来视觉享受外，更多是为人类生存与发展提供了必不可少的条件。

　　地质环境是自然环境的重要组成部分，与人类社会发展息息相关。现在地质遗迹不仅给大地带来壮丽非凡的景观，也给地球未来的变化指明了前景。我国地质遗迹千姿百态，美不胜收，为旅游观光、科学研究、开发利用提供了丰富的天然资源。但是，我国地质环境复杂，自然变异强烈，已成为世界上地质灾害多发的国家之一。目前，我们

海南地质遗迹"火山口"

的保护工作与世界经济发达国家相比尚存在一定差距，地质遗迹保护区数量少，建设速度慢，一些珍贵的地质遗迹破坏严重。地质环境的现状为我们敲响了警钟，同时也为所有人去亲近自然，热爱地理，伸出手来保护地质环境吹响了冲锋号。

　　如果说人类日常生活中对地质环境的自觉亲近和保护，是地质环境保护行为之本的话，那么例如地质遗迹保护、地质公园建设等行为就应该是建立在自觉保护和热爱基础上的有效"捷径"，通过这些对于地质环境保护的"猛药"，地球地质环境的保护得以卓然有效。当然，这些有针对性的保护活动的主体、范围、效果都有限，地球地质环境保护更多的还是要依靠

人类共同的行动。

接下来，我们选取地质遗迹保护作为范本，来谈谈地质环境保护活动。希望大家能够在这些国家、社会行为的引导下，自觉亲近自然，共同为地球地质环境的明天而努力。

地质遗迹是指在地球演化的漫长地质历史时期，由于内外力的地质作用，形成、发展并遗留下来的珍贵的、不可再生的地质自然遗产。其主要类型包括：有重大观赏和重要科学研究价值的地质地貌景观；有重要价值的地质剖面和构造形迹；有重要价值的古人类遗址、古生物化石遗迹；有特殊价值的矿物、岩石及其典型产地；有特殊意义的水体资源；典型的地质灾害遗迹等。

我国是世界上地质遗迹资源比较丰富、分布地域广阔、种类齐全的国家之一，在世界自然宝库中享有盛名。地质遗迹千姿百态，美不胜收，为旅游观光、科学研究、开发利用提供了丰富的天然资源。这是大地留给我们的一部极其丰富的"巨著"，一本有待人类进一步打开的"书"。

甘肃敦煌雅丹国家地质公园

研究过去，可知地球的未来。国际上对地质遗迹的保护工作十分重视，联合国教科文组织设立了地质遗产工作组，专门负责全球地质遗产保护工作。世界许多国家和地区对地质遗迹保护工作十分重视，其中以美国、加拿大、英国等经济发达国家的地质遗产的保护管理工作领先，他们制定了严格的法规体系，采取了一系列行之有效的保护措施。

国际上的地质遗迹保护的通行做法大多是建立自然保护区和国家地质公园。为了更好地带动地方经济，积极地保护地质遗产，联合国教科文组织常务委员会第 156 次会议（1999 年 4 月 15 日，巴黎）提出了创建世界地质公园计划：目标是每年设立 20 个地质公园，总数达 500 个左右。随着世界地质遗产保护特别是世界地质公园计划的实施，将推动各国的地质遗迹保护工作。我国对于地质遗迹的保护工作十分重视。地质遗迹的保护工作始于 20 世纪 70 年代末期，多是作为其他类型自然保护区中的一项保护内容。在全国 926 处自然保护区中，含有地质内容的自然保护区约 160 个。在全国 512 处各类风景名胜区中，含有地质遗迹的名胜区可达半数以上。

为了响应联合国教科文组织提出的建立世界地质公园计划，国土资源部于 2000 年 8 月 25 日成立了国家地质遗迹保护（地质公园）领导小组和国家地质遗迹（地质公园）评审委员会，并邀请了财政部、国家环保总局、国家旅游局等部委领导作为成员，参照世界地质公园的标准，制定了国家地质公园评选办法等系列文件。地质遗迹不仅是地质研究的基地，也是科普教育的基地，而积极地保护和合理地利用地质遗迹资源将带动地方经济、更好地促进生态环境保护。建立国家地质公园对发展

江西庐山地质公园

当地经济、促进旅游、开展科普教育、宣传地学知识意义重大。

地质遗迹分布状况：

（1）地质遗迹保护区

据 1997 年统计，地质遗迹保护区为 86 处，其中国家级 12 处，省级 33 处，市级 9 处，县级 32 处。

（2）含地质内容的自然保护区

据1992年统计，在606处自然保护区中，有地质内容的自然保护区104处。至1997年底，全国自然保护区总数926处，其中含地质内容的保护区约160处。

（3）国家风景名胜区中的地质遗迹

在国家公布的119个国家级风景名胜区中，许多风景名胜区以名山、名湖、河流峡谷、岩溶洞穴、瀑布泉水、海滨海岛等为主体命名，和地质遗迹密切相关。在全国512处各类风景名胜区中，其中含地质遗迹的名胜区可达半数以上。

（4）国家森林公园中的地质遗迹

至1998年，我国已建森林公园920余处，其中国家级295处。其类型可分山岳型、湖泊型、火山型、沙漠型、冰川型、海岛型、海滨型、溶洞型、温泉型、草原型及园林型，前9种类型森林公园的地貌主体皆与地质遗迹密切相关，或含有一种或多种地质遗迹。

我国地质遗迹保护管理中存在的主要问题：

（1）地质遗迹的基本状况不清，缺乏系统、完整、翔实的基础资料。

（2）地质遗迹保护区数量过少，数量仅相当于自然保护区总数的2%左右。许多有价值的地质遗迹尚未得到有效保护。

河南嵩山地质公园

（3）地质遗迹破坏严重。一些重要古生物化石遗产地和重要价值的地质地貌景观遭到了不同程度的破坏，比较突出的如河南西峡恐龙蛋化石、广西的许多溶洞、黑龙江五大连池火山地质地貌景观等。

古语道："不积小流无以成江河，不及跬步无以至千里。"地质环境保护更多地需要我们从一点一滴的小事情做起，从身边的事情做起。